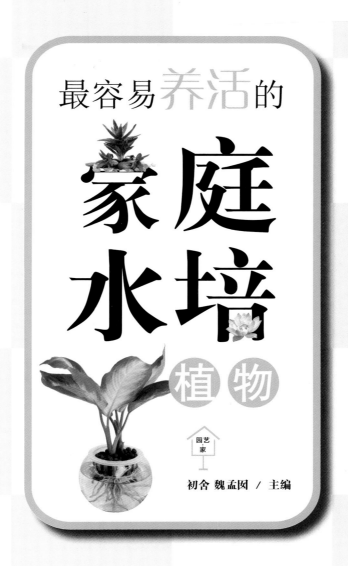

最容易养活的

家庭水培

植 物

园艺家

初舍 魏孟囡 / 主编

中国农业出版社

图书在版编目（CIP）数据

最容易养活的家庭水培植物 / 初舍，魏孟囡主编. —
北京 ：中国农业出版社，2016.10（2021.6重印）
（园艺·家）
ISBN 978-7-109-21891-8

Ⅰ．①最… Ⅱ．①初… ②魏… Ⅲ．①水培－观赏园
艺 Ⅳ．①S68

中国版本图书馆CIP数据核字(2016)第163455号

本书编委会名单：

宋明静	熊雅洁	曹燕华	杜凤兰	童亚琴
黄熙婷	江　锐	李　榜	李凤莲	李伟华
李先明	杨林静	段志贤	刘秀荣	吕　进
马绛红	毛　周	牛　雯	邵婵娟	涂　睿
汪艳敏	薛　凤	杨爱红	张　涛	张　兴
张宜会	陈　涛	魏孟囡	刘文杰	阮　燕

中国农业出版社出版

（北京市朝阳区麦子店街18号楼）

（邮政编码100125）

责任编辑　黄　曦

北京中科印刷有限公司印刷　新华书店北京发行所发行
2016年10月第1版　2021年6月北京第2次印刷

开本：710mm×1000mm　1/16　印张：10

字数：200千字

定价：38.00元

目录

一 水培式生活，
打造简约雅静的心灵花园

二 水培基础，
小空间微景观的栽种与护理

三 清秀常绿的观叶水培

四 香气满庭落的观花
观果水培

五 混搭妙趣的多浆水培

水培式生活，

打造简约雅静的
心灵花园

从土培到水培，
享受别样乐趣

　　在繁忙的都市中，或许你已经习惯了长期以来的快节奏生活模式，繁重的压力让你没有办法静下心来欣赏周遭四季景色的变化，更无法放松身心尽情倾听大自然的美好私语，那么，在家里侍弄几盆花花草草也是极好的！

　　侍弄花草虽然是件愉快的事情，但繁琐的养护流程却让疲惫的你望而却步。传统的土培花草总是要定期晒晒太阳，还要时不时地浇浇水，如果疏于照看，很快就枯萎了。那么，有没有那样一种花卉，养护起来不麻烦，适合忙碌起来就没有时间打理的都市白领们的？答案是真的有。那就是容易养活的不需要过多照顾的水培植物。

　　水培植物顾名思义，就是以水为介质，将各种不同的植物直接栽种在盛放着营养液的容器里，这种新型、环保的养花方式与传统的土培方式相比，有着非常明显的优点，比如：养护简单，以水代土，只需定期更换营养液即可；清洁卫生，由于水培植物是种植在透明而又清澈的水里，既没有泥土的烦扰，也不用施传统的化学肥料，从而避免了传统的土培所带来的施肥异味，且不会滋生各种细菌、蚊虫，让整个室内空间变得更加清新。

　　相较于土培植物，水培植物的最大魅力在于它可以轻松地移动。由于大多数水培植物都耐阴，并不需要太多的阳光，故可以将其摆放在室内客厅的小几或餐厅的餐桌上，以及任何你所喜欢的地方。

水培植物，
一份来自心底的宁静

在这个浮躁喧嚣的社会，人们很多时候都会主动追寻一种让身心沉静下来的方式，种植绿色植物就不失为一个好的选择。在房间里摆上几盆恰到好处的绿色植物，不仅可以让主人紧绷的神经自然放松，还能让心情变得安适自在，或许这就是小巧的绿植带来的效果，能让人与大自然近距离地接触。与传统的土培花卉相比，被称为懒人也能种好的水培植物已经受到了越来越多人的青睐。那么，到底水培植物具备了哪些让人心动的特点呢？

特点1
提高品质，平添情调

比如玫瑰、茉莉、薄荷、紫罗兰等植物会散发出一股宜人的香气，这种香气不仅可以让人精神愉悦，还能缓解不良情绪，并有助于睡眠，从而提高生活品质。若是你想更加与众不同，可以不用像普通花卉那样一株一盆地来养，而是将多个品种的植物随意地组合起来养，从而取得类似插花的效果；你还能将水培植物置于餐桌、吧台及茶几上，打造生态家具，平添高雅情调。

特点2
花鱼共养，观赏性强

　　水培植物不仅能够欣赏到枝干部分发芽、生长、开花的全过程，还能透过透明的容器直观地看到植物根系的生长，提高了水培植物的观赏性。若是在水培容器内养上几条小鱼儿，还能欣赏到鱼儿悠闲畅游的模样，真是令人赏心悦目。此外，不同材质、造型的水培容器本身就具有一定的观赏性。

特点3
清洁环保，少病虫害

　　传统的土培方式要用到泥土，且需施用有机肥，很不卫生，还易滋生病虫害；而水培植物生长所需的养分则是由无色无味的无机盐类所提供的，完全杜绝了由于施用有机肥而产生的难闻气味，也不易滋生病虫害；此外，水培植物管理起来也十分容易，且清洁卫生。

特点4
管理简单，操作方便

　　传统的家庭种植，浇水、施肥、换土都是较为繁琐的事情；而水培植物不用施肥，也不用浇水，只需要每隔数天更换一次营养液，非常简单。

特点5
吸附浮尘，清新空气

水培植物的根系及枝叶能吸收空气中的有害气体及二氧化碳，并释放出氧气，比如吊兰、虎尾兰、常春藤等能吸收空气中90%的甲醛；菊花、石榴等能够清除空气中的乙醚、乙烯、氯、一氧化碳等有害气体及二氧化碳。此外，室内观叶植物还是非常好的"天然除尘器"，其植株上的绒毛能够吸附空气中残留的浮沉及微粒，使空气变得清新。

特点6
调节气候，有益健康

在房间摆放水培植物，不仅可以增加室内空气的湿度，起到调节小气候的作用，还有益于身心健康。平常可以在室内种植一些对空气湿度要求较高的植物，比如杜鹃、绿萝及常春藤等，使之成为"天然的加湿器"。此外，水培植物还具有防辐射及降温的功能，并能制造出负离子及氧气，比如仙人掌类植物，在白天释放出二氧化碳，夜间则吸收二氧化碳并释放出氧气。

挑出最适合的水培植物，
用那一抹绿点亮生活

　　了解了水培植物的诸多优点后，你是否已怦然心动，想要迫不及待地去养几株了呢？不要着急，在实现你的想法之前还需要弄清楚，到底哪些水培品种最适合在室内养护。

水培植物品种全了解

　　很多植物都能够转化为水培植物，所以水培植物拥有一个庞大的家族。若从观赏部位来划分，水培植物能分为以下几类：

观花观果类

观花观果类植物开花之时，入眼可见的是一片姹紫嫣红、热烈盛开的景象；待花谢收获硕果之时，颗颗饱满的果实又挂满了枝丫。适合水培的观花观果类植物有：兜兰、唐菖蒲、君子兰、马蹄莲、花烛、龙吐珠、银包芋、蜘蛛兰、大花马齿苋、仙客来、风信子、郁金香、朱顶红、朱砂根、观赏番茄、竹节秋海棠、美叶光萼荷等。

观叶类

以观叶为主的植物在日常生活中随处可见，如白掌、春羽、蔓绿绒、龟背竹、绿萝、滴水观音、合果芋、金钱树、孔雀竹芋、彩叶草、巴西铁、吊兰、万年青、绿巨人、富贵竹、鹅掌柴、常春藤、散尾葵、彩叶草、丛生果芋、观音莲、铁线蕨、袖珍椰子、巴西木、肾蕨、鸟巢蕨、变叶木、旱伞草等。

多浆类

多浆类植物其实就是多肉植物，它们茎叶肥厚且具有发达的储水系统，因此不需要特别精心的呵护就能生长得很好，常见品种有：仙人笔、莲花掌、翡翠珠、麒麟掌、石莲花、彩云阁等。

水培植物选购有诀窍

选择水培植物的品种时，除了要考虑植株能否适应水培条件外，还必须考虑所选择的水培品种能否安全越冬和是否能适应室内的光照条件等问题。

13

了解水培植物的习性

选择一种水培植物之前，要详细了解其生长习性，比如适宜的生长温度、对光照的要求、一般可以长到多高多大、如何才能开花及怎样预防病虫害等。

个人的爱好和兴趣

挑选水培植物要以个人喜好为主，假若你喜欢四季常青的植物，则可以选择观叶类水培植物；若是你想看到植物开出美丽的花朵，抑或是结出饱满的果实，不妨选择观花观果类水培植物；倘若你喜欢与众不同的水培植物，则可以选择多肉类，只需看着那饱满精神的肥厚叶片，你就能获得极大的满足。

水培植物的种植环境

若是在大型室内空间种植水培植物，则需要选择株形相对高大的品种；反之，则应该选择株形小巧的植物。若是经济条件尚可，还可以选购一些姿态优美且能够与室内家具相得益彰的植株。

个人的养护水平

在选择水培植物之前，还要考虑到你有多少精力与时间去照看它。若你是一名朝九晚五的繁忙上班族，则最好选择那些比较容易栽培及成活的品种，如绿萝、虎尾兰等；若你已经具备一定的植物养护经验，不妨尝试一下比较难种养的品种，比如竹芋类植物。

水培基础，

小空间微景观的栽种与护理

容器的选择，
给水培植物一个舒适的家

　　选定了中意的水培植物品种后，接下来就要挑选与之相宜的水培容器了。不同于土栽花盆，水培容器的选择相对来说要更为讲究些，因为它不仅要与水培植物的观赏性相配合，还要与室内环境相协调。所以，精心挑选水培容器，并进行艺术性的搭配，对提高水培植物的整体观赏性而言至关重要。

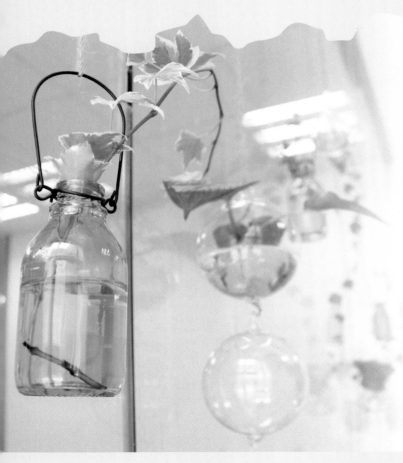

瓶瓶罐罐来集合，
不同选择不同爱

　　既然水培容器这么重要，那究竟什么样的容器才适合用来养护水培植物呢？水培容器的选择范围比较广泛，除了金属材质的容器不能使用之外，无底孔、不漏水的容器都可选用。但为了能够欣赏到植物的根系及其生长过程，最好选择透明的容器。通常，水培容器按材质来分，有如下几类：

玻璃容器

诸如茶杯、玻璃杯、烧杯、高脚杯等玻璃容器，具有造型多样、千姿百态等特点，且清晰度、透明度较好，是水培植物的常用容器。

陶瓷、紫砂类瓶罐

诸如茶杯、玻璃杯、烧杯、高脚杯等玻璃容器，具有造型多样、千姿百态等特点，且清晰度、透明度较好，是水培植物的常用容器。

废弃的矿泉水瓶及饮料瓶

这种容器取材容易，又能体现出环保精神。如果你想过一把DIY的瘾，那么可以将废弃的塑料瓶子制作成水培容器。这种规格的瓶子形态多样，通过改造还能适当地改变造型，只需巧妙地搭配一下，就非常具有生活气息。

给植物安家，以舒适有空间为宜

在确定了水培容器的材质之后，就要开始考虑容器的高矮以及瓶口的大小是否适合植物的生长需求了。选择适合的容器，不仅有利于植株的健康生长，还能凸显植物的美感。

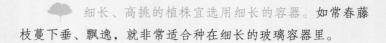

细长、高挑的植株宜选用细长的容器。如常春藤枝蔓下垂、飘逸，就非常适合种在细长的玻璃容器里。

高大的植株宜选用厚实的容器。如发财树等株型较大的植物，就非常适合厚实稳重的玻璃容器。

纤细、秀雅的植株宜选用小巧的容器。如文竹等宜选用小巧轻盈且带有定植杯的玻璃容器。

叶厚肉多的植株宜选用瓷盆或相同截面的矩形容器。如芦荟等，在选择水培容器及锚定植株的材质时应特殊考虑，以免植株长大后倾翻或侧倒，直径为15厘米的瓷盆或者相同截面的矩形玻璃容器就比较合适。

茎秆笔直的植株宜选用细口容器。如富贵竹等，宜选用细口或直径为15厘米左右的无底孔玻璃容器。

"轻"手栽种，关于装瓶的那些事儿

不管是透明的玻璃容器还是不透明的花盆式容器，其大小都要保证植物有一定的伸展空间，过小的容器，会使根系的生长受到限制，甚至导致烂根，同时也会影响植物的美观。在具体的上瓶操作时，要根据植物的根系发育情况及植株的大小综合考虑容器的大小。

经过诱导之后的水培植物，其根系大部分为洁白幼嫩的水生根，在进行装瓶动作时一定要小心，以防弄伤根系后导致烂根，从而影响植物的生长。

一般情况下，在诱导水生根时宜直接采用定植杯栽培，诱导完成之后不需要拆杯定植，直接将定植杯轻轻地套在水培容器中，再梳理好根系即可。

水培植株的获取方法，
水培的关键一步

　　想要养好水培植物，最关键的是获取水培植株。目前，水培植株的取材方法有五种，分别为洗根法、水插法、剪取走茎小株法、播种法及切割蘖芽法，但以洗根法、水插法及剪取走茎小株法最为常见。作为一名水培新手，若是掌握了一些从土培转水培的具体操作方法，不仅能增加水培的自信，也能尝到初次水培的乐趣。

洗根法

　　此方法是将一般的土培植株洗根后直接移植到水培容器中，适用于大多数植物。具体做法如下：

1 选取健壮、株形较好的盆栽植物，先用手在花盆四周轻轻敲一下，待盆土松动后将整个植株从花盆中脱出，轻轻去除掉根部的泥土，再用清水洗净根部。

2 修剪掉烂根、枯根和过长的根，对于根系繁茂的植株，可以只修去1/3～1/2的根系。修剪根系有利于水培植株萌发新的根系，从而促进植株对营养物质的吸收。若是丛生植株，其株丛过大，可用剪刀将其分割成2～3株，再进行水培。

3 修剪完毕后，先将植株的根部浸泡在浓度为0.05%～0.1%的高锰酸钾溶液中30分钟进行消毒，然后，将根系装入准备好的玻璃容器或插进定植篮中，并尽量使植株的根系舒展开来，切勿损伤根系。

4 让清水没过根部的1/2～2/3，根部上端暴露在空气中。在刚开始水培的第一个星期，应每天换水1次。因为刚刚进行水培的花卉，其根部创口较多，易腐烂，所以需要勤加换水；尤其在高温季节，更应如此；待根部重新长出白色的水生根之后，就能酌情减少换水的次数了。

当花卉在水中重新长出了新根，则说明诱导成功了，此时花卉已经适应了水培环境，就可以改用营养液来养护了。

像鹅掌柴、吊兰等植物，经过一段时间水培之后，萌发的新根可以逐渐适应新的环境，在老根的侧部也会长出侧根；像巴西木、富贵竹等植物，在改变了栽培环境之后，根系只有少数会枯萎，原有的大部分根系都能很好地适应水培环境，并能诱导出粗壮的水生根来。

水插法

这是水培花卉常用的方法。具体做法如下：

1 选取当年生、健壮且无任何病虫害的植株来进行水培。

2 在剪取枝条前需对剪刀进行消毒，剪取的部位要在枝条下端3~5毫米处，切面要平滑，切口的部位不能挤压，且不能有纵向的裂痕。

3 切割之后，一定要将伤口冲洗干净；将切下的枝条摘除下端的叶片后，直接插入水中，以防其脱水影响成活；切下带有气生根的枝条时，要保护好气生根。

4 往容器中注水时，最好只没过枝条的1/3，且每隔3~5天换1次水，同时，清洗枝条及容器，一般经过7~10天就能萌发水生根；待水生根长到5~10厘米后，再用稀释过的营养液养护即可。

用水插法得到的植株，存活率比较高，但偶尔也会发生因插条切口受到感染导致植株腐烂的情况，这时应将腐烂的部分剪掉，并用0.05%~0.1%的高锰酸钾水溶液浸泡植株30分钟进行消毒，然后用清水将其洗净，重新插入水中。

剪取走茎小株法

诸如虎耳草、吊兰之类的花卉会有走茎，在其走茎上会有多株或一株小植株，可以直接将成形的小植株用作水培。水培时，使用的容器口径不能过大，以能够支撑植株下部的叶片为宜；不能让植株整个都浸泡在容器中，容器里的水也只能加到其根系的末端，但不能没过根系的上端；萌发新根期间，每7~10天换1次清水，当根系长至10厘米长时，即可改用水培营养液进行培育。

合理加入营养液，
为水培植物提供最贴心的养分

　　水培植物的生长单靠自来水中的养分是远远不够的，所以需要额外的"肥料"——水培营养液。一般来说，观叶植物宜选用观叶类配方营养液，观花植物应在其生长的不同时期选用不同类型的营养液，比如在其生长期要选用含氮量高的营养液，在其生育期应选用含磷、钾高的营养液……科学地添加营养液，是每一个水培新手必须掌握的重要功课。

严选水培营养液，让植物肆意生长

好的营养液，必须具有较强的缓冲能力，这样不仅可以稳定植物的生长环境，还能保证养分的平衡。

　　市场上可供选择的营养液款式繁多，选购时，一定要挑选与所栽培植物配套的品种。一般来说，专卖店所售卖的产品是可以使用的，只要严格按照说明书进行操作基本上都能够成功。若是没有与所栽培植物配套的营养液，也可以选择与之同属、同科植物的营养液。因为形态特征比较相似的植物之间，往往有近似或是类似的生化及生理特征，以此原则选择营养液比较合适。此外，也可以选择通用型营养液，比如观叶植物营养液、日本园试营养液等。对于大部分养花人来说，选择这一类型的营养液比较适合，使用起来也比较简单、方便。

合理使用营养液，让水培植物营养充足

将水培植物专用营养液买回家之后，一定要严格按照说明书以一定比例稀释兑水后使用，使用时需遵循"宁少勿多"的原则，若施用量过大，会产生人为的肥害，影响植物的生长。

根据植物的耐肥性，合理添加营养液

不同种类的植物对营养液的适应性也不同，故添加营养液时需区别对待。一般来说，秋海棠、彩叶草等根系纤细、耐肥性较差的植物，添加营养液时应遵循"稀、淡、少"的原则；而龟背竹等根系粗壮、长势强健的植物喜肥性强，故添加营养液时，浓度可以稍微高一些。

根据季节，合理添加营养液

春秋季节，气温比较适中，适合大多数植物生长，此时，植物内部的生理活动也相对旺盛，导致植物长势较快，需要更多的养分供给。所以，可以根据植物的生长情况相应添加营养液，以补充营养元素的消耗。而在夏季高温季节或冬季低温季节，由于气温太高或太低，不利于植物生长，为了努力适应这种不良的环境，大多数植物甚至会进入休眠或是半休眠状态，对养分的需求也因此降低，所以，在这两个季节应停止添加营养液，用清水来养护最为安全。

根据花卉观赏部位的不同，合理添加营养液

为观叶类植物添加营养液时，应以氮肥为主，磷、钾肥为辅，以此保证叶面光滑、叶质肥厚；而以观赏叶面斑纹为主的植物，若是氮肥施用过多，会导致斑纹变得暗淡或消失，此时应增施磷、钾肥，使斑纹更加绚烂。

观花类植物可根据其不同生长阶段对营养元素的需求，添加对应的营养液。在其生长的一般阶段，应添加以氮素为主的营养液，在其花芽分化及生长发育阶段，应添加以磷、

钾肥为主的营养液。

　　至于观果类植物，在其生长阶段应添加以氮肥为主的营养液，在其花芽分化至开花阶段应添加以磷、钾肥为主的营养液，在其结果阶段应添加以磷肥为主、钾肥为辅的营养液。

注意细枝末节，水培植物才能生长无忧

　　掌握了挑选营养液的方法及合理添加营养液的不同情况后，在具体的添加过程中，一些细枝末节的小技巧也要掌握好，只有这样，才能让水培植物的生长全程无忧。

水培初期切勿急于添加营养液

　　刚开始水培的植物，根须尚未完全适应水培环境，故常常会出现个别烂根或叶片变黄的现象。这时，不要急着往水里添加营养液，而应该耐心等待10天，待植物根须逐渐适应水培环境或是长出新的水生根后，再加入营养液来养护。

不要往水中直接加入尿素

　　水培是将植物在少菌或无菌状态的栽培，倘若直接往水里加入尿素，不但植物吸收不到营养，还会使一些微生物或是有害细菌加快繁殖的速度，从而产生氨气，导致植物中毒。

营养过剩导致的根须腐烂要及时剪根

　　植物根须腐烂大多是因为加入了过量的营养液所引起的，如果水质也变得浑浊，并散发出臭味，就要果断停止添加营养液，迅速剪掉烂根，然后换上干净的水。

营养液需存放在阴凉通风处

　　每次用完营养液后，要将其放在阴凉、温度低且背光的通风处保存，不要将其放在阳光直射的地方。

日常管理，
简易水培从这里开始

水培植物总的来说还是比较容易养的，除了要定期换水及添加营养液之外，花点心思进行日常管理，就能将其养得很好。这些日常管理并不复杂，也不需要多么高深的技术，对于水培新手而言，是非常轻松就能学会的水培功课。在整个水培过程中，能否坚持不懈地进行科学的管理，是水培成功与否的关键。

创造小环境
——促进花卉更好生长

水培观叶植物大多喜欢湿润、温暖的环境，在这样的环境中，植株才能生长得更好。为了给水培植物营造较为湿润的生长环境，可直接向叶面喷雾。喷雾时，最好用细孔喷头，这样可以使喷出的雾气黏在叶面上而不流淌下来。如果是较为坚挺且带有蜡膜的花卉叶子，可用湿毛巾擦拭，增加其叶面的湿度。而对于那些不易搬动的大型花卉，可以用浅盘或是盆子盛清水放在旁边，让其蒸发的水分增加环境湿度。

保持通风
——对花卉及人体有益

在有空调的房间，虽然可以让室内温度达到水培植物生长的要求，但由于室内空气干燥、不透气，常常会导致植物叶尖干枯，或是叶片较薄的叶子出现焦边的情况；再加上空调房间缺乏新鲜的空气，导致空气中氧气的含量偏低，不利于植物的生长。因此，应定时开启门窗，加强通风，让室内空气保持清新，这对水培花卉的生长及人体的健康都是很有益处的。

保持清洁
——让水永远清澈透亮

水培植物吸收的是无机营养，在平时的养护过程中，最忌讳的就是有机物进入水中，也不能施用有机肥料。保持水培容器中水的清澈透亮，是保证植物茁壮生长的重要一环。所以，平日不要将食物及有机肥料投入到水培容器中，也不要将手随意地伸入水中；定期换水洗根、清洗水培容器，保证所用水不被污染、不变质，永远保持清洁卫生的水培环境，才能让植物更好地生长。

温度及光照
——植物生机勃勃的密码

温度是保证花卉正常生长的重要条件。水培植物，尤其是观叶类水培植物，多数不耐寒，其生长适温一般为15～28℃，当气温下降到10℃以下时，有的植物会停止生长；当气温低于5℃时，有的植物则会出现老叶发黄、叶片焦枯甚至死亡的情况。所以，对植物进行适当的温度管理非常重要。

除了温度之外，水培植物对于光照条件也有各自的要求。一些阴性花卉，如兰科、天南星科植物，在生长过程中要适度遮阴；中性花卉，如龟背竹、鹅掌柴等，对光照要求不严格，在阳光充足或遮阴的条件下都能正常生长。

此外，植物的生长有一定的趋光性，所以要定期调整其朝向。此项工作可以结合清洗容器、定期换水进行，在清洗完根系之后，将植物原本的朝向转动180°左右即可，这样能避免植物偏向一侧生长。

及时修剪
——让植株的整体更美观

对于一些生长茂盛且根系比较发达的水培植物，当枝干长得过快过长，影响到植株的整体美感和造型时，就要及时进行修剪了。有些剪下的枝条可以直接插入容器中，让其生根成长，使整个植株看起来更加丰满。一般来说，剪根的时间最好选在春季花卉开始生长的时候，也可以结合换水进行，随时减去多余、老化、腐烂的根系，以利于植株生长。

病虫害防治

——为植物成长保驾护航

　　水培植物虽然脱离了土壤病虫害的侵扰，但因空气中的细菌、病毒等，依然会受到不同程度的侵袭。在水培的过程中，若发现植株被蚜虫、介壳虫、飞蛾等侵害，要及时采用人工捕捉或自来水冲洗的方法将其清除；若发现叶片上出现褐色病变，导致叶片干瘪坏死，要将整片病叶摘除；对于虫害，一定要做到及时发现，及时清除。

　　水培植物最常遭遇的病害有两种：一是黄叶，二是根系腐烂。引起黄叶的原因有很多，可能是营养液中氮含量不足，若植株长期缺乏氮肥，会导致植株的叶薄且黄，只要适当增加氮的摄入量，即可解决这一问题；黄叶还可能是光照和温度不适所引起的，因此要根据植物习性，给予其光照和温度适宜的生长环境。根系腐烂也是水培植物常见的问题，轻者导致植株生长缓慢，重者植株死亡。解决方法为：将腐烂根系剪除，并对剪口进行消毒；清洗并消毒水培容器后，诱导新根；诱导出能够适应低溶氧量的水培根后，植株就能恢复正常生长。

科学摆放

——找寻属于自己的专属地带

　　将水培植物放在室内栽培，要依照其特性进行科学地摆放。通常室内光照条件不是很好，除了天南星科、竹芋科等喜阴植物能够适应此栽培环境之外，许多观花观果类植物需要较为充足的光照，所以务必要将这类植物摆放于有漫射光投射的窗前明亮处，但需注意不要让其根系受到直射光的照射，否则不仅会影响根系发育，还会导致水培环境中滋生大量藻类，既影响植物的美观，又影响根系对营养的吸收。通常，观叶植物被置于茶几、餐桌上以及厨房、大厅等家居环境中。

　　此外，植株摆放的位置要与家具之间留有空隙，否则会给人带来强烈的压迫及窒息感。

清秀常绿

的观叶水培

酒瓶兰，
清新典雅的热带植物

　　酒瓶兰适合的家可以是一只通体透明的玻璃瓶，它的气根完全暴露在外，远远望去，就像是一只普通的膨大型酒瓶，总是让人忍不住想要把玩一番；其独特的叶片下垂颇似伞状，又彰显出它热带观叶植物的优良内涵。通常，酒瓶兰被摆放于书房、会场或是客厅。

 种植帮帮忙

换水： 每隔15天换1次清水，同时加入少量的花卉营养液；每隔3天用稀释过的花卉营养液喷洒叶面1次，这样就能为叶片增加营养。

温度： 酒瓶兰性喜阳光，耐寒力较弱，最适宜的生长温度为16～26℃，夏季能耐受的最高温度为33℃，冬天温度在0℃以上时，可安全越冬，若温度低于5℃，需及时采取防寒保暖措施，以防冻害。

光照： 酒瓶兰喜欢日照充足的环境，若环境荫蔽会导致植株生长不良，故在其生长期间最好保持充足的光照。在室内养护时，可以将其摆放在光线明亮处，让其每天接受3～4小时的光照。此外，需定期转动水培容器180°，让植株接受均匀的光照，以免株形长偏。

修剪： 酒瓶兰的基部膨大部分常会长出不定芽，要及时去除。此外，还需及时去除植株下部的枯黄老叶及干枯的叶

尖。若植株过高影响了美观，可以适当高度截干，并让其萌发新芽。在众多的新芽中，可根据不同的需要和个人喜好，将其培育成单干、双干或多干。

防病：酒瓶兰较常见的病害有叶斑病和细菌性软腐病等。叶斑病可用50%的多菌灵兑500倍溶液进行防治，每隔7～10天喷洒1次，连续喷洒2～3次即可；细菌性软腐病发病初期可用农用链霉素兑1000倍溶液喷洒植株，每隔3天喷1次即可。

养护跟我学

2. 　　将土培酒瓶兰从盆中取出，用清水将根系上的泥土冲洗干净后，放在阴凉干燥处晾置3天，然后再将植株置于定植篮中。

1. 　　选取一株小型土培酒瓶兰，仔细查看叶片上有没有病虫害，同时检查植株是否生长旺盛。

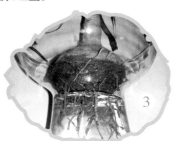

3. 　　固定好植株后，往瓶中加入清水，使水位处于定植篮的下方，浸没根系的1/2～2/3即可。一般10～15天左右，酒瓶兰的新根就会长出来了。

4. 　　若室内光线较弱，会造成植株徒长、叶片发黄且软弱下垂，故要保证植株全年都有充足的散射光照。

达人支招

① 将植株放入玻璃瓶前，应剪去原有根须，并将根部置于稀释过的营养液中浸泡1天。

② 日常护理的过程中，酒瓶兰可能会出现叶片下垂及植株造型不美观的情况，这可能是光照和营养不足所致。所以，要将培育好的酒瓶兰摆放在明亮的有散射光之处，并增加叶面营养。

③ 水培初期，不能将植株暴露在强烈的光照下，应给予适当遮阴。

水培观察室

Q 酒瓶兰会开花吗？它开的花是什么样子的呢？

A 酒瓶兰也开花，只是不常见而已。酒瓶兰原产于墨西哥，一般几十年才开一次花，其花朵通常开在植株顶端，呈浅绿色或米白色。酒瓶兰开的花并无太大的观赏性，它是以观赏那膨大、似酒瓶的根部为主的。此外，酒瓶兰的花期会因气候和环境的不同而异。

扮靓 TIPS

叶姿婆娑的典雅酒瓶兰

材料： 玻璃瓶、扣子、蕾丝花边

创意概念： 来自热带观叶植物的酒瓶兰，以其膨大型状若酒瓶的典雅茎秆的形态示人，它那独特的叶片，下垂时颇似伞状，叶姿婆娑，带给人一种新颖别致的感受，若搭配用扣子和蕾丝花边装饰之后的玻璃瓶，用于布置书房或是客厅，都会成为居家生活的点缀珍品。

文竹，
密密丛丛间的安宁温柔

对于喜欢读书的人而言，在书桌边放上一株纤细的文竹是很好的选择。那如羽毛般的叶片，层层叠叠，形态似竹非竹，似松非松，无端便有了一种缥缈的境界；它更像是一个在云雾中翩然起舞的仙子，婀娜多姿，兀自精彩地绽放着。

种植帮帮忙

花期：文竹的花期为2~3月，开出的小花呈白色。

换水：日常养护的过程中，2~3天换1次清水，并及时清除烂根；待根系基本适应水培环境后，可每隔5~6天换1次清水；冬季每20天加1次水即可。平时需要注意瓶中是否有沉淀物，若是沉淀物过多，则表明要更换营养液了，一般情况下，1~2个月更换1次营养液即可。

温度：文竹原产于南非，喜欢温暖、湿润的环境，最适宜的生长温度是15~25℃，但当夏季温度高于32℃时，易被烧伤；冬季气温低于5℃时，易遭受冻害，甚至死亡。

光照：文竹最好是置于室内养护，应避免将其长期放在阳光强烈的地方，否则会导致叶片变黄，甚至会影响植株的成长；但也不要将其置于阴暗潮湿之地，冬季可以将其置于朝南的窗户边且通风的环境下养护。

养护跟我学

2
将文竹从花盆中取出，小心地清洗干净泥土，但注意不要损伤其根部。

3
将植株放入定植篮，然后用珍珠岩或陶粒固定根部，以保持植株的稳定性；同时，珍珠岩有很好的吸水效果，可以保持根部湿润。

1
选取长势旺盛、株形较好的土培植株，将其根部提起一部分，并注意观察根部的生长状况，直到根部长出嫩芽。

4
将定植好的植株放于水培容器上，然后置于有光照的窗口附近；要保持根部的1/2位于水面上，方便其吸收氧气。

达人支招

① 换水不及时可能会导致植株根系腐烂；若根系腐烂，需剪掉腐烂的部分，同时切掉少许健康的组织，然后将植株置于阴凉处2～3天，待伤口处完全干燥后就能浸水了。

② 若植株生长环境干燥，需向其叶面喷水，以保持较高的空气湿度及枝叶的清洁度。

水培观察室

Q 我家的文竹总是出现叶片变黄及烂根的情况，该怎么办？

A 主要是以下两个方面的原因造成的：一是换水和补充养分不及时，水培文竹对于氧气及营养要求较高，若是没有及时换水和适度添加营养液，就会导致叶片发黄及烂根；二是光照过强，夏季温度较高，若将文竹长期置于阳光下暴晒，也会出现这种情况，所以应该适当地为其遮阴，不久之后文竹就能健康生长。

罗汉松,
独具魅力的
一点青翠

寒冷的冬季,万物开始凋零,只有罗汉松像精神抖擞的士兵傲然挺立着,其生命力之顽强让人不得不点头称赞。它还与青竹、红梅并称为"岁寒三友",足以可见人们对于不屈品格的期望。现在,这一片青翠葱郁在人们的案头之上也能被欣赏到,夏秋之季,更是果实累累,格外惹人喜爱。

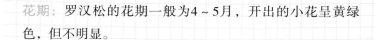

种植帮帮忙

花期：罗汉松的花期一般为4～5月，开出的小花呈黄绿色，但不明显。

换水：夏季炎热时应5～7天换1次水，春季和秋季可7～10天换1次，寒冷的冬季换水的频率可适当降低，15～30天换1次即可，具体可根据瓶中水体的清洁度来随时调整。

温度：罗汉松喜欢温暖、湿润及半阴的环境，对空气的湿度要求比较高。最适宜的生长温度为15～28℃，耐寒性略差，在冬天霜冻期，最好用塑料薄膜包裹好植株，以防止冻害。

光照：罗汉松喜欢阳光充足的环境，但怕阳光直射，夏季不宜暴晒，应置于书房、客厅这类阳光直射不到的半阴处。

修剪：修剪罗汉松，一般需遵循"因材施艺"的基本原则，这样才能将其做成形态各异的优美造型。待新枝抽梢20～30厘米时，就可以开始修剪了。一般情况下，一个完整的造型需要进行多次修剪才能完成，这样可以使各层球形圆实、紧凑，以达到比例协调且具有较好的观赏性的目的。对于已经成型的罗汉松，可以及时剪除影响其造型的枝叶。

防病：较为常见的病虫害有红蜘蛛、介壳虫、叶斑病及炭疽病，夏季高温干燥时为高发期。红蜘蛛可用石油乳剂或40%的三氯杀螨醇1000倍液防治，或用小刷子刷除；介壳虫可用根埋呋喃丹或喷洒20%的杀灭菊酯1500倍液防治；叶斑病及炭疽病，可直接用皮康王或达克宁软膏涂抹患处，疗效极好。

养护跟我学

2
小心地剪掉植株上原有的土生根须，并用多菌灵溶液防腐消毒，然后将其放在阴凉的地方晾置1～2天。

3
根据植株的大小和造型来选择容器，若植株过大，直接置于定植篮中，可能很难保持平衡，可用珍珠岩或陶粒在瓶底固定其根部。

1
选取一盆健壮、无病虫害的土培罗汉松，轻轻地敲打花盆外侧，将植株根部周围的土弄松，注意不要弄伤其根部；轻轻抖落根部泥土，用清水将其冲洗干净。

4
罗汉松的根系生长很旺盛，可能会出现打结的现象，可在每次换水时修剪烂根和过于繁茂的根系。

达人支招

① 水培初期每天需给罗汉松喷施2次清水，待诱导出水生根后，就需要特别注意叶片表面的保湿了。

② 在水培容器内放入适量的清水和稀释过的浓度不太高的营养液，容器中水位以到根部的1/2处为准。

水培观察室

Q 罗汉松是很好的盆景材料，一般都有哪些造型方法呢？

A 罗汉松的美丽造型与修剪是分不开的，主要有"剪法造型""捆法造型""吊法造型""扎法造型""压法造型"这五种方法。在做造型之前，最好先有一个大致的设想，然后按照设计的图形一步步进行修剪，这样才能打造出风姿绰约的罗汉松。

滴水观音，

菩提树下的一株等待

每到温暖的时节，滴水观音都会展示出自己独具一格的花姿，开出格外美丽的花朵。清晨时分，客厅案几上那一株滴水观音的叶尖上，闪烁着晶莹至极的水珠，轻盈剔透，带给人无尽的遐想。

种植帮帮忙

花期：滴水观音的花期为11月至次年5月，其中2～4月为盛花期。开出的花底部略微呈淡绿色，顶端米白与黄绿色交错，花瓣包裹着花蕊，异常美丽。

换水：水培初期一般需每隔2～3天换1次水，待植株完全适应水培环境之后，每月换1次营养液即可。

温度：滴水观音喜温暖湿润的环境，最适宜的生长温度为20～25℃；当温度低于18℃时，植株会进入休眠状态；当温度低于5℃时，就要采取保暖措施了，以防止植株冻伤。

光照：滴水观音喜半阴的生长环境，所以不要将其放在阳光直射的地方，最好置于遮阴、通风的书房、客厅中。

修剪：滴水观音不需要特别修剪，保持其自然的状态即可。生长期间可能会因养护不当出现叶片发黄、干枯等现象，发现后要及时用刀将病叶连同茎部一并削掉，这样就不会影响其他叶片的生长了。

防病：滴水观音最常见的病虫害为炭疽病、软腐病、白绢病和叶斑病。炭疽病可向叶面喷洒75%的甲基托布津兑500倍溶液进行防治，每隔7天喷1次，连续喷雾2～3次即可；软腐病可喷洒72%的农用链霉素3000倍液进行防治；白绢病可喷洒50%的多菌灵1000倍液进行防治；叶斑病可通过向叶面喷洒50%的多菌灵兑500倍溶液进行防治，每隔7～10天喷1次，连续喷洒2～3次即可。

养护跟我学

1. 　　滴水观音一般株形较小，可选用带有定植篮的小型椭圆形透明玻璃瓶水培，还可在玻璃瓶的底部放上一些鹅卵石，以此来固定植株的根部。

2. 　　取出土培滴水观音植株，小心地清洗根部泥土，千万不要伤害到根部的块茎；最好用剪刀剪去土生根后，再置于阴凉处晾上2～3天。

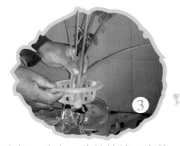

3. 　　瓶中加入清水，将植株放入定植篮，催生新根。3～4天后，水生根长出来了，此时需注意向叶面喷洒清水。

4. 　　3周之后，将清水换成稀释过的营养液，保持瓶中水体清亮，植株会越长越健壮。

达人支招

① 瓶中水位以浸没根系的2/3为宜，新根完全长出之前，需每隔2天换1次清水。在长出新根的过程中，需每天向叶面喷洒清水，为植株创造一个相对凉爽湿润的生长环境。

② 1个月左右换1次营养液，并将植株放在通风、半阴的环境中养护，这样婀娜多姿的滴水观音才能够更加茁壮地成长。

扮靓 TIPS

清新雅致的滴水观音

材料： 玻璃瓶、麻织绳

创意概念： 滴水观音向来以恬静清幽的形态示人，植株整体给人一种宁静之感，相当耐看，搭配上用麻织绳缠绕着的玻璃圆瓶，就能立显主人的情趣与品味，将其放置在具有简约风格的客厅里，更能烘托出雅致的氛围。

水培观察室

Q 我家的水培滴水观音的叶片为什么会发黄呢？

A 如果是叶尖及叶边发黄、微卷，则应该是光照过猛或是施肥太多，此外换水太勤也容易导致叶片发黄。若出现这样的情况，只需将植株移至通风阴凉处放置几天，叶片就会慢慢由黄转绿。若是出现黄叶及枯叶，则需剪掉黄叶、枯叶，定期换水，以防其根部缺氧，造成新长出的嫩芽枯萎；还应适当添加观叶植物的水培营养液，增强散射光照，就能重新长出绿叶。此外，还要看叶子背面是否有红蜘蛛，如果有就要清除干净。

鹅掌柴，
别具一格的室内风景

鹅掌柴原产于南洋群岛一带，在每个温暖的时节，只需一株小小的枝芽它便能孕育出旺盛的生命。其掌状叶片，质朴无比，上面布满彩斑，比任何花枝都要惹人怜爱；它叶色绿翠，枝条扶疏，株形极为丰满优美，不管是在宾馆还是办公室，随处可见它那飒飒风姿。

种植帮帮忙

花期：鹅掌柴的花期为冬末春初时节，开出的花很小，起初为青白色，后转为淡红至深红色，并带有淡淡的香气。

换水：一般每隔3～4天换1次清水，并每天向叶面喷1～2次水；待植株完全适应水培环境后，可加入适量稀释过的营养液；需要注意的是，瓶内水位不能过高，要使根部的1/3或1/2暴露在空气中，以便根系呼吸氧气。

温度：鹅掌柴原产于澳大利亚，喜温暖、湿润的环境，最适宜的生长温度为15～25℃，当温度高于30℃或者低于5℃时，会出现叶片脱落的情况。

光照：鹅掌柴喜明亮光照，也较能耐阴，对光照的适应能力较强，但忌烈日直射。

修剪：鹅掌柴长势很快，当植株长得过于高大而不利于家庭布置时，可留基部10～20厘米进行修剪，并加强营养促其根部重新萌芽，以便形成枝繁叶茂的矮型植株。在水培根系催根的过程中，可能会因根系养分太足而出现根系猛长的情况，这时，可在换水的过程中适当地修剪部分根系。

防病：鹅掌柴病害较少，比较常见的有红蜘蛛、介壳虫、炭疽病及叶斑病。取250克紫皮大蒜，加清水浸泡30分钟后，捣碎取其汁液，加清水稀释10倍之后立即喷洒植株，可预防红蜘蛛；将韭菜、生姜、大葱、洋葱、桃叶、蓖麻叶、银杏叶、车前草、曼陀罗、蓖麻籽等捣烂，加水浸泡后，直接喷洒植株，或直接擦拭叶片，可防治介壳虫；炭疽病及叶斑病在发病初期，可用50%的多菌灵兑1000倍液或0.5%～1%的波尔多液喷洒叶面，每3天1次，连喷3次即可。

养护跟我学

1 选取长势良好、健壮的土培植株，去掉根部多余的泥土，并用清水冲洗干净，然后将其放在阴凉的地方晾置1~2天。

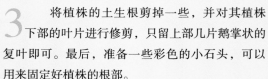

2 水培时，可以根据植株的大小来选择玻璃容器，一般选择圆形的水培瓶即可。

3 将植株的土生根剪掉一些，并对其植株下部的叶片进行修剪，只留上部几片鹅掌状的复叶即可。最后，准备一些彩色的小石头，可以用来固定好植株的根部。

4 将植株放入准备好的水培瓶中，约3~4周后，水生根就长出来了。

达人支招

① 待水生根长出后，将植株放在阴凉的环境中养护即可。水培初期，应保持1~2天换1次水的频率，此后可根据瓶中根系的生长状态，适当降低换水频率。

② 待植株适应水培环境后，其根系会生长得非常旺盛。在给植株换水时，可对多余的根系进行适当修剪，以保证根系的美观。平时可以向叶面喷洒适量的营养液，以促进叶片的生长。

水培观察室

Q 我家的水培鹅掌柴为什么老掉叶子？

A 水培鹅掌柴出现落叶的情况可能是因为光照过少的缘故。鹅掌柴一般需在散射光下养护，若是长期将其置于阴暗且通风不良的坏境中，就会影响植株的正常生长，从而导致落叶。所以平时应将植株移至窗边等明亮处进行养护，但高温季节切忌强光直射，在清晨保证足够的散射光照即可。此外，若是越冬温度低于5℃，也会导致植株落叶。

扮靓 TIPS

身披彩衣的绚丽鹅掌柴

材料： 玻璃瓶、五彩小石子

创意概念： 鹅掌柴形似小手掌一般的叶子青翠欲滴，其枝条扶疏，株形优美，搭配五彩缤纷的小彩石及清透的玻璃瓶，那绚烂的外形顿时让你眼前一亮，不管置于客厅、餐厅，抑或是卧室，都具有别具一格的点缀效果哦！

吊兰，
夏日里沁人心脾的清凉

春夏季节，万物都开始生长旺盛的时候，吊兰的花期就这样不期然地来临了。小小的花苞随风绽放，花香阵阵，柔软的枝条迎风而动，颇有韵味。吊兰开花了，就那样静静绽放，悄悄凋谢……这是给爱花之人的最好赠礼！

种植帮帮忙

花期: 吊兰的花期不是很长,一般在4~6月开花,若温度适宜,一年四季均可开花。

换水: 平时不需要勤换水,只需每隔7天加1次清水;若水体浑浊,则需要换水。

温度: 吊兰原产南非,喜欢温暖、湿润的环境,最适宜的生长温度为15~25℃;冬天室内温度保持在12℃以上时,能保证吊兰的正常生长;若室温低于5℃,易发生冻害。

光照: 吊兰喜欢比较阴暗的生长环境,所以很适合在室内养护。为了让吊兰正常生长及保持叶片美观,需忌强光直射,宜较强的散射光照。

修剪: 平日里修剪吊兰时,只要及时剪掉老叶、黄叶,就能让下垂的枝条保持一种飘逸的美感;若是在5月温度较高之时剪去一些老叶,将促使吊兰抽出小枝叶,从而长出更多的侧枝来。

防病: 吊兰最常遭遇的病虫害为粉虱、介壳虫及根腐病。若叶片变色干枯,要及时换上新的营养液,好让叶片吸收养分。平时还要经常对植株进行检查,一旦发现叶片上出现粉虱和介壳虫,要及时将其除去;虫害较严重或出现根腐病时,可喷洒多菌灵可湿性粉剂兑500倍溶液进行防治,每周1次,连用2~3次即可。

1.　吊兰长长的白色根须能带给人强烈的观感，所以为了欣赏吊兰飘逸的根须，可以为其准备一个比较高的透明玻璃容器。

1

3

2

2　3 | 4

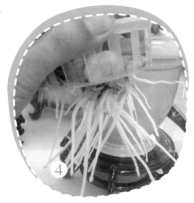

4

2.　选择生长健壮、株形适合的土培植株，挖出后先在水中浸泡15分钟，直至可以轻松地洗净根部泥土。

3.　将清洗好的植株取出，置于阴凉处晾干，剪掉部分根须及黄叶、烂叶，保留大部分叶子的完整性即可。

4.　将晾干的小吊兰放入定植篮中时，若不能保证其完全固定，则可以取几颗鹅卵石置于植株周围。一般10～15天后，吊兰的根系就会长得很旺盛了。

达人支招

① 水培初期，往瓶中添加营养液时，浓度应该稀一些，选用标准浓度的1/3即可。

② 吊兰的生命力很旺盛，平时可置于室内阴凉处养护，避免阳光直射即可。

③ 若光照不足，吊兰的叶片会变得细长，叶色也会变淡，且叶面花纹变得不明显，植株显得非常没有生气，这时应将植株置于有散射光的明亮处进行养护。

水培观察室

Q 我家的水培吊兰老是烂根，这是怎么回事？

A 不要向瓶中直接加入自来水，因为自来水中含有氯气，会伤害植物的根部，严重时可能导致植株死亡。平时加水时，宜选用经过太阳暴晒过的自来水或是晾凉的开水。一旦发现吊兰有烂根的现象，应立即换水，并剪去烂根，同时往水里加入少量稀释过的营养液，这样才能保证植株的正常生长。

扮靓 TIPS

清秀奇特的蕾丝吊兰

材料： 玻璃瓶、蕾丝花边

创意概念： 吊兰的叶片舒展散垂，形似花朵，四季常绿；搭配上超级小清新的蕾丝花边缠绕的玻璃瓶，独特的外形带给人一种立体的美感，不管是置于客厅抑或是书房，它都能起到绝佳的装饰效果。

龙血树，
多姿多彩的观叶植物

　　龙血树的茎秆可以分泌出像血一样红艳的树脂，这就是"龙血"，大抵这就是"龙血树"美名的由来吧！在卧室、书房或是客厅中摆放一株龙血树，你都会很容易地就会被它那形如宝剑的叶片及斑斓的叶色所吸引。

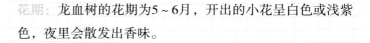
种植帮帮忙

花期：龙血树的花期为5～6月，开出的小花呈白色或浅紫色，夜里会散发出香味。

换水：水培初期可适当添加比较稀一些的观叶类营养液；植株生长正常后，一般7～10天就要加1次清水；在夏季，还需每隔20天更换1次营养液，冬季每隔30～60天更换1次营养液即可。

温度：龙血树喜温暖环境，最适宜的生长温度为18～24℃。冬季气温不得低于15℃，否则会导致叶缘及叶尖出现黄褐色斑块；低于8℃时，植株易受冻害甚至死亡；越冬气温不得低于7℃～13℃，若温度过低，叶片会变黄，且会产生焦叶。

光照：龙血树对光照的要求不严格，一般的品种都具有一定的耐阴性；叶面具有鲜艳斑块及彩色条纹的品种，则需要较为充足的散射光，但不宜烈日暴晒或是阳光直射，否则会使叶片变黄。

修剪：为了使龙血树长出比较丰满浑圆的株形，可将其主干短截，促使剪口下多发侧枝；若是不及时修剪，植株会长成独秆，非常难看。

养护跟我学

1 由于龙血树的大小不一，所以一般选择长筒形的玻璃容器来水培。

2 将植株的根部截断，去掉下部的叶片，只保留顶部的叶片；用水将植株冲洗干净后，置于阴凉处晾上几天。

3 将晾干的植株直接放入定植篮里；容器中的水位保持在定植篮下，能接触到根部即可。

4 一般需要经过1~2周的时间，才会长出新的根系；在根系尚未长出之前，植株的叶子有些卷，这时可早晚用清水喷洒叶面，直到新根长出为止。

达人支招

① 诱导水生根期间，应将植株置于明亮的有散射光照处养护；遇强烈光照时，需用黑色的塑料袋包裹水培容器进行遮光处理，且需每3天换1次清水。

② 水培瓶内的营养液只需浸没根系的1/2~2/3即可。

水培观察室

Q 我的龙血树新长的叶子为什么会出现叶缘及叶尖枯焦的情况？

A 这是由于环境过于干燥所致。龙血树喜湿润环境，所以在其生长期间最好能让空气湿度保持在70%~80%。当空气过于干燥时，就需要对植株周围喷水，以保持环境湿度。

苏铁，
别有一番情趣的芭蕉扇

苏铁有着鱼鳞式的粗壮茎秆，给人以刚毅、庄严、挺拔雄浑之感；那凤尾式的羽状复叶四季常绿，远远看去，像极了《西游记》里铁扇公主的芭蕉扇；其白色的肉质根系，更是别有一番趣味。

种植帮帮忙

花期：苏铁的花期为6~8月，其生长速度非常缓慢，一般20~30年的老树才能开花。其雄花如菠萝，呈螺旋状排列，初开时呈淡黄色，成熟后变为褐色；雌花较大，呈圆盘状，顶端花瓣有规律地向上直立，非常漂亮。

换水：水培初期需2~3天换1次清水；待水生根长出后，可酌情降低换水频率；春秋生长旺季，每10~12天需换1次水，冬季20天换1次水即可。

温度：苏铁喜温热湿润的环境，不耐寒，最适宜的生长温度为20~30℃，安全越冬的温度为5℃以上。

光照：苏铁可耐半阴，但在光照充足的地方长得最好。日常养护，宜将其置于光照强烈的窗前或阳台上。

修剪：初春时节，若苏铁老叶枯黄，观赏性较差，可从基部将叶子全部剪除，也可待新叶展开成形后，将下部的残缺老叶或黄叶剪除。

防病：苏铁常见的病虫害为斑点病及介壳虫。若遭遇斑点病，需及时清除害病的老叶；发病初期，需喷施70%的甲基托布津可湿性粉剂800倍~1000倍液或高锰酸钾1000倍液进行防治，每隔10天喷1次，连喷3~4次即可。至于介壳虫，用棉签蘸取酒精擦拭有虫的叶面即可。

养护跟我学

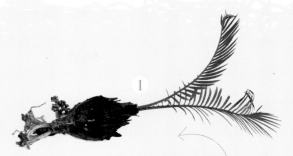

1 选取健壮的小型土培植株，并于水培前7天向叶面喷洒1‰的尿素溶液来进行消毒。

2 苏铁根部粗壮，成形后叶片呈凤尾状四散开来，故宜选用承重较好的玻璃容器进行水培。

3 小心地洗净植株根部的泥土，剪除烂根、枯根后，将植株置于水培容器中。

4 若感觉植株不稳，可用白色的小石头来固定根部。不久之后，苏铁便会长出洁白的水生根。

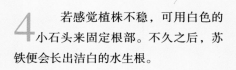

达人支招

① 剪根时，可以只保留基部上端的少量根；切口要整齐，以增加水培的成功率。

② 将修剪过的根系置于200倍的高锰酸钾溶液中浸泡3～5秒，这样做可以为根系消毒；浸泡时间不宜过长，否则会烧坏植株。

水培观察室

Q 我家的水培苏铁出现了叶片逐渐变黄的情况，这是怎么回事？

A 叶片变黄可能是以下两个原因所导致的，一个可能是营养不良。因为苏铁为肉质根，这种根呼吸作用旺盛，会抢去植株的营养，所以平时要及时剪去水中的腐根，还要注意添加专用的营养液；另一个可能是过度暴晒，苏铁虽然是阳性树种，但在持续高温烈日下暴晒，叶片易被灼伤而引起叶尖变黄，特别是新叶还未舒展时，所以应注意适当遮阴。

合果芋，
随风欢唱的绿音符

在小区里散步时，偶尔会看到绿化带的花坛中，总有那么一片随风起舞的合果芋。那鲜艳的色彩，清晰的叶片脉络，似乎是正在欢唱的小小绿音符，吸引着人们的注意。看着那一片片青翠的绿叶，你心里是否升起了去买上几株带回家水培的冲动呢？

种植帮帮忙

花期：合果芋的花期一般在秋季，其花肉成穗花序，佛焰苞内为白色或玫瑰红色，且带有浓茶香味，沁人心脾。

换水：水培初期，每3~4天换1次清水，此后，每隔7天加1次清水，用太阳暴晒过的自来水即可；平时需随时注意水培瓶中水体的清洁度，若发现水中的沉淀物逐渐增多，就需要换水了。营养液1个月左右换1次即可。

温度：合果芋原产于南美洲的热带雨林中，最适宜的生长温度为20~28℃，不耐寒，忌低温寒冷，若冬季温度保持在15℃左右，可正常生长；低于10℃时，叶片会出现枯黄脱落的现象；越冬气温低于5℃时，易发生冻害。

光照：合果芋对光照的适应性较强，忌烈日直射，处于半阴环境时，叶子的长势较慢，叶色偏深，叶形较小；处于明亮环境时，则叶色偏浅，叶形较大；可以根据自己的喜好，来选择合果芋的摆放位置。

养护跟我学

2
水培容器不需要很大，一个小小的玻璃瓶足矣。往瓶中加入适量清水后，将健壮的植株置于瓶内，水位以刚好浸到枝条根部为准。

3
若室内温度适宜，约10天左右就能长出水生根；待水生根长至5厘米左右时，就能用营养来养护了。

1
从长势较好的植株茎部剪取3~7根生长健壮的枝蔓，去除其基部1~2节上的叶片；或是直接取健壮的土培合果芋进行水培，但需先用清水将土培根须洗净。

4
可根据叶片的大小、株形或是个人喜好，选择水培容器的大小及颜色。一般叶柄细长的植株可以选用高脚玻璃杯进行养护，而叶片密集且小巧的植株则可以选用矮小的玻璃杯进行养护。

达人支招

① 将培育好的植株放入装有清水的容器中，然后置于半阴环境下养护；若无法固定植株，可用鹅卵石或珍珠岩围住根部；养护期间，需经常换水，以保持水体清亮。

② 选用观叶营养液，每隔45~60天更换1次；营养液的深度约为根系的4/5即可，但不能低于1/3。

水培观察室

Q 我家的合果芋在冬季总是显得叶子很少，怎样才能让它枝繁叶茂呢？

A 水培植物到了冬季，温度若是太低，叶子就会停止生长，再加上冻害所产生的老叶、黄叶，所以会显得叶子较少。维持适合的温度，定期补充营养液，并及时摘掉老叶、黄叶，才能让植株长出更多的叶子来哦！

网纹草,
犹抱琵琶半遮面的少女

网纹草姿态轻盈,其叶子上的白色网脉,似少女半遮半掩的纯白面纱,总是令人忍不住想要去揭开这份神秘。即使身处喧嚣的城市,在心底某个柔软的地方也始终忘不了大自然的那抹清新。若是你也想欣赏一下这美丽娇小的叶片所形成的美丽图案,那就来吧!

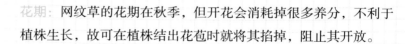
种植帮帮忙

花期: 网纹草的花期在秋季,但开花会消耗掉很多养分,不利于植株生长,故可在植株结出花苞时就将其掐掉,阻止其开放。

换水: 水培初期最好能1天换1次水,以促使植株更快生根;待植株生根后,每7天换1次清水即可。植株生长期间,每1~2周需添加1次营养液。

温度: 网纹草喜温暖、高温及高湿环境,最适宜的生长温度为18~25℃,安全越冬的最低温度为13℃,冬季要做好保温工作,否则植株易受冻害甚至死亡。

光照: 网纹草属于热带雨林植物,不能接受强烈的阳光照射,若置于室内,应将其摆放在明亮的散射光处;光线太强,植株会变得矮小,生长速度也会变得缓慢,且叶片蜷缩并失去原有色彩,降低观赏价值。

修剪: 植株长势旺盛时,要进行疏叶。

防病：网纹草常见的病虫害有根腐病、叶腐病、红蜘蛛、介壳虫及蜗牛等。根腐病可用链霉素1000倍溶液浸泡根部，进行杀菌处理；叶腐病可用25%的多菌灵可湿性粉剂1000倍溶液喷洒植株进行防治；红蜘蛛和介壳虫可用40%的氧化乐果乳油1000倍溶液直接喷洒虫体；蜗牛会啃食叶片，发现后及时捕捉即可。

养护跟我学

2 找一块小泡沫，在中间挖个洞，将剪好的幼苗卡在洞中，露出一小节枝条，以便其浸到清水。

3 将固定好的幼苗置于装有清水的玻璃瓶中，水位以浸没根部的1/3～2/3为宜。

1 选取生长健壮的植株幼苗，小心地洗净根部泥土，剪掉腐烂的根须，注意不要伤到健康的根系。

4 7天后取出泡沫，就能看到长出的白色根系了。新根很嫩，取出时动作要轻，以免将其折断。

达人支招

① 培育好的幼苗可直接放在带有定植篮的水培瓶里养护，也可用珍珠岩及鹅卵石在瓶底固定植株。

② 日常养护中，可酌情添加观叶类营养液。

水培观察室

Q 我家的网纹草为什么会出现叶片脱落甚至腐烂的情况？

A 可能是换水不勤造成的。换水时应尽量避免弄湿叶片，否则易引起叶片脱落或腐烂。往水中加入适量营养液，可以有效防止叶片脱落的情况发生。

春羽,
蔚为壮观的绿色卫士

　　春羽株形优美,叶片宽大、浓绿且富有光泽,褐色的气生根与白色的水生根互相辉映,颇有观赏价值。它不仅可以被制作成小型的水培植物,也可以成为大型盆栽的主角,将其放置于厅堂中,更是显得绿意盎然。

花期：春羽的花期多在春季，但它以观叶为主，花朵的观赏价值不高。

换水：水培初期，可2~3天换1次清水，冬季可15~20天换1次水，夏季4~5天换1次水，春、秋季，可7天左右换1次水。

温度：春羽原产于南美洲的热带雨林，喜温暖、湿润的环境，最适宜的生长温度为18~25℃；冬季温度保持在5℃以上，能安全越冬；夏季室温高于30℃时，植株生长会受到抑制。

光照：春羽喜半阴环境，忌强光直射；它对光线的要求不高，只要不是在室内过于阴暗之地都能健康成长。日常养护，可将其置于有散射光或半阴的环境中；冬季若想其安全越冬，则需保证充足的光照。

修剪：对春羽进行修剪，主要是将黄叶、枯叶及时剪除，以免消耗养分；日常养护，可对新生小株进行修剪，但不能碰伤老株的根部。

防病：春羽常见的病害有叶斑病及介壳虫。叶斑病可用50%的多菌灵1000倍液喷洒防治；介壳虫则可用50%的氧化乐果乳油1000倍液喷杀。

养护跟我学

1

因春羽叶子硕大，且茎秆可长至1米以上，因此在选择水培容器时宜选用承重比较好且稳定性高的玻璃容器。

2

选取小型、健壮的植株，小心地将根部泥土冲洗干净。注意一定不要带有残留的泥土，否则水培时会污染水体，从而引起烂根。

3

将黄叶及烂根全部剪除，然后将植株根部浸入多菌灵溶液或3%~5%的甲基托布津溶液中消毒10分钟。

4

将消毒之后的植株用陶粒或珍珠岩固定在带定植篮的水培容器中，然后将其置于阴凉处诱导生根。注意要让根系舒展，水位以浸没根部为准。

达人支招

① 催根时，水培容器内的水位不能过高或过低，否则不利于根部的生长。

② 要经常向叶面喷洒清水，以达到清洗叶面及营造湿润的水培环境的目的。

水培观察室

Q 我家的水培春羽为何株形松散、不好看呢？

A 当植株有新叶长出时，应转动容器让新叶的叶面面向光源，让叶柄向中心及向上发展，而不至于往四周生长变得松散，这样有助于培育出株形紧凑的植株。

绿萝，
极富魅力的翠色浮雕

常常在围墙边看到一片片蜿蜒而下的绿萝，其盎然的生机顿时扑面而来，那轻柔飘逸的枝蔓则像一只只小手轻轻撩拨着你的心弦。摘下几株绿萝枝条，回家配上精致的水培容器，便可将其作为悬垂装饰，置于茶几或是窗台上，让其枝叶从容下垂。看着那如浮雕般的一片绿意，你会感受到无穷的生机与活力。

 种植帮帮忙

换水： 绿萝比较好养活，水培初期，可每隔2～3天换1次清水；日常养护时，换水的次数可根据水体的清澈度来定，若是水体浑浊，则表明需要换水了。注水量一次不能过多，浸没植株的根部即可。

温度： 绿萝喜温暖、湿润的环境，最适宜的生长温度为15～25℃；越冬温度需达到10℃左右。

光照： 绿萝喜散射光，忌强光直射。在北方秋冬季节，为了弥补光合作用的不足，可适当加强光照。

修剪： 绿萝枝蔓的生长速度比较快，可直接修剪其枝叶，也可以将枝蔓牵引下来，做出不同的创意造型。

防病： 绿萝较易受到病虫害的影响，其中常见的有红蜘蛛及介壳虫，一旦发现，可直接人工捕捉，也可用抹布直接抹除。

养护跟我学

2 选取两三根生长健壮且带有气生根的茎段，用剪刀剪出斜切口，同时保持切口整齐，以免枝条腐烂。

3 将0.05%～0.1%的高锰酸钾水溶液倒入水培容器中浸泡10分钟，进行消毒；待容器晾干之后，往里加入2/3容量的清水；将准备好的枝条放入容器中，让清水浸没气生根即可。

1 鉴于绿萝为藤蔓植物，且枝叶较为细长，所以在水培时需选择细长的透明玻璃瓶，让枝条可以自由下垂形成优美的姿态。

4 约7天左右便会长出白色的水生根，这表明植株已经适应水培环境了。

达人支招

① 在尚未长出白色的水生根之前，需每天换1次水。

② 待植株表现出较强的生长势头时，可改用观叶植物营养液进行培养；营养液可每隔10～15天更换1次。

水培观察室

Q 我的水培绿萝看起来比较瘦弱，这是怎么回事？

A 可能是光照不足引起的。应该将植株置于室内光照比较好的地方养护，让其接受充足的散射光照，同时注意不能让其接受太过强烈的光照，以免导致叶片变黄、褪色和脱落。

幸福树，
带给人们幸福的"小天使"

  在窗边，这个能够沐浴到阳光的方寸之地，摆放一株幸福树是再好不过的了。摆两把木椅，一张小几，捧一杯香茗，挨着幸福树而坐，心底的喧嚣转眼不见，取而代之的是宁静，好像眼前的这抹翠绿拥有能够抚慰人心的能量。幸福树如同它的名字一样，不仅可以为人们带去一份幸福、温暖，还能点缀朴实的家居，衬得家里更加温馨！

种植帮帮忙

花期：幸福树的花期为5~9月，果期为10~12月；开出的花酷似喇叭花，结出的果子为蒴果条形，像菜豆。

换水：刚从土培转为水培时，只需用清水培养，一般7天换1次水即可；待植株长出水生根后，可适当添加稀释的营养液，每20~30天更新1次营养液即可。盛夏时节，需4~5天加1次清水，寒冬腊月，可10~20天加1次清水。

温度：幸福树喜暖热环境，最适宜的生长温度为20~30℃。盛夏酷暑季节，当温度高于30℃时，要增加环境湿度，并及时向叶面喷水；当环境温度低于5℃时，会出现落叶或伤叶。若是有良好的条件，可将植株搬到有暖气或是空调的室内养护，让其能平安越冬。

光照：幸福树为喜光植物，能耐阴；不论是半阴环境还是全日照环境，它都能正常生长；但在夏季需及时遮光，冬季需尽量增加光照。在室内培养时，应将其置于有充足光照的窗前，如果长期处于光线不足的环境中，则会导致落叶。

修剪：幸福树的树干一般长得较大，修剪成各种造型会让人赏心悦目。春季及夏季，可摘掉枝条上的新芽，以促使植株长出更多的侧枝。

防病：幸福树的主要病害为叶斑病，可每隔15天喷施1次50%的多菌灵可湿性粉剂600倍液进行防治，连续喷洒3~4次即可。虫害一般为螨虫、蚜虫及介壳虫，日常养护时，应注意枝条上长出的新叶上是否有活的虫体，一旦发现可用胶带粘去或是用湿抹布擦去，也可用氧化乐果、哒螨灵及敌杀死等喷杀。

1. 选择健壮、无病害的小型幼苗，去掉其根部土壤，并用清水冲洗干净，冲洗时尽量不要伤及根部。

养护跟我学

2 | 3
  | 4

2. 选取中型的透明玻璃容器，以能承受植株的重量为宜。

3. 先将植株的根部放在5%的多菌灵溶液中浸泡1分钟，这样做可防止烂根。然后往水培容器中倒入适量的清水，使植株的根系浸没在水中。

4. 若怕植物倒伏影响美观，可用白色的小石头固定其根部。一般15天后就会有白色的水生根长出来；之后每隔4天换1次水，并及时清洗植株根部及水培容器。

达人支招

① 待植株发育得比较好之后，可以将水培容器里的清水换成观叶类植物营养液，之后定期更换营养液即可。

② 幸福树喜欢湿润的水培环境，养护环境的空气湿度最好保持在70%~80%之间，最高不能超过85%；若是环境湿度忽高忽低，会影响植株的生长。

水培观察室

Q 我家的水培幸福树为什么大量地掉叶子？

A 可能是由于室内光线过于阴暗、室内通风不畅所致。幸福树为喜光植物，只要不是阳光过于强烈的盛夏，都可以将其置于通风见光处养护，这样，很快就能长出新的叶子了。若是在寒冷的冬季，应将其搁放于光线充足的南向阳台或落地窗前养护。

扮靓 TIPS

如春日般明媚的清新幸福树

材料：玻璃瓶、麻绳、缎带

创意概念：在春日明媚的季节里，幸福树恣意生长着，仿若坠落凡间的绿色精灵，若是不打造出一个与之匹配的容身之器，似乎就辜负了这大好的风景了！快拿起平日里不用的麻绳和缎带蝴蝶结，做一个创意玻璃瓶吧，不管将它和幸福树一起摆放在哪里，都显得小清新范儿十足！

橡皮树，
居家就能领略的热带风情

橡皮树的叶片肥厚、宽大且有光泽，花朵较小状似浮云，颇具韵味。想让家里充满热带风情，不妨尝试着水培几株橡皮树，保证那宽大且具有质感的叶片能让你赏心悦目。

种植帮帮忙

花期：橡皮树的花期为5～7月，温度适合的话，花期还会延长；橡皮树开出的花朵较小，为红色，隐藏在花托里边，不太容易被发现，所以常被人们误认为不开花。

换水：水培初期2～3天换1次清水，长出水生根后可适当延长换水周期，1周加1次清水，2周换1次营养液，保证瓶中没有沉淀物即可。

温度：橡皮树属热带植物，喜温暖、湿润的气候，生长适宜温度为20～25℃，冬季温度保持在5℃以上就能安全越冬，低于5℃，则易受冻害。

光照：橡皮树在明亮的环境中生长最旺盛，但忌强光直射，若光照太强，易让叶色失去光泽，降低欣赏价值；最好将其放在如客厅、窗台等光线明亮之处；若光线较弱，则不利于植株的正常生长。

修剪：橡皮树的修剪并不是太复杂，在春季温度升高的时候，可只留基部3～5个分枝各5～10厘米长，以降低植株的高度。待植株重新萌发新枝后，适当摘心1～2次，便可打造出圆润、充实的株形。若株形较大，可在植株生长期间剪掉过密的枝条。

防病：橡皮树常见的病虫害有灰霉病、叶斑病、炭疽病以及红蜘蛛、蓟马、介壳虫等。灰霉病、叶斑病、炭疽病可向叶面喷洒5％的代森锌500倍溶液进行防治，每隔2～3天喷洒1次，连续喷洒2周，就能基本消除病症；红蜘蛛、蓟马、介壳虫等虫害则可用40％的氧化乐果乳油1000倍溶液喷洒植株，每隔1天喷洒1次，连喷1周。

养护跟我学

1. 于5~9月选取生长健壮的土培植株，去掉泥土，用清水将根部洗净，同时剪去腐根和老根。

2. 橡皮树对于水培容器要求不高，可根据植株的大小准备一个合适的玻璃容器。

3. 由于橡皮树的茎秆比较长，所以可以不需要定植篮，直接用白色小石头将植株的根系固定在容器底部即可。

4. 水培初期2~3天换1次清水，大约2周后就会长出白色的水生根。接下来要做的就是用营养液进行日常护理了。

达人支招

① 待水生根完全长好之后，可将植株移至光线充足的地方养护。

② 平时可向叶面喷洒观叶类植物营养液，瓶中的营养液每2周换1次即可。

水培观察室

Q 我家刚装修，空气里一直有股喷漆的味道，想买一株橡皮树来水培，因为听说它可以净化空气，但是它的叶子有毒，是真的吗？

A 橡皮树确实具有独特的净化空气的功能，也可以吸收挥发性有机物中的甲醛。不仅如此，橡皮树还能有效吸收空气中的一氧化碳、二氧化碳等有害气体，使室内浑浊的空气得到净化。确实，橡皮树的叶子是有毒的。但如果只是观赏橡皮树，不掰开叶子去食用它叶脉里的白色汁液，就不会对养护者造成什么危害，因为橡皮树不会自动释放出含有毒物质的气体，所以对于人体是安全的。

71

榕树,
枝节遒劲的
袖珍树林

小区里有棵很有些年头的榕树,那巨大的树冠、遒劲的根部及繁茂的枝叶总是让人有种"独树成林"的错觉;而那裸露在外的似根非根、似干非干的气生根,盘结在一块,紧密地纠缠在一起,俨然形成了一尊旷世奇作。如今,有许多人将榕树培育成袖珍型植株,让它在方寸之间也能尽情展示出它的美。

种植帮帮忙

花期：榕树的花期为5~7月，开出的花很小，且隐藏在花托内，平时只能看到如豆般大小的隐头花序。

换水：水培初期，可2~3天换1次清水；夏季应2~3天加1次清水，冬季15~20天加1次清水即可。营养液可每2周更换1次。

温度：榕树喜温暖、湿润且光照充足的环境，最适宜的生长温度为20~30℃；冬季气温若低于5℃，则会引发冻害。

光照：榕树喜光照充足的环境，能耐半阴，最好将其置于通风好且光照充足处养护，但夏季需适当遮阴。

修剪：生长旺季时，需将榕树过多的新芽摘去，并剪除交叉枝、病弱枝、徒长枝、并生枝，让植株整体产生层次美感。

防病：榕树常见的病虫害主要有叶斑病、红蜘蛛及蚜虫等。叶斑病可用甲基托布津可湿性粉剂喷洒防治，若有少量的病叶要及时摘除，以防止病害蔓延；若发生虫害，可用三氯杀螨醇乳剂或氧化乐果500倍溶液喷杀。

养护跟我学

1

1 选取株形较好的植株，将其根部泥土用清水反复冲洗干净，剪除烂根及过长根系，再将植株放在阴凉处晾干。

2

2 榕树根部发达、遒劲粗壮，最好选用稳定系数较好的玻璃容器进行水培。

3 将晾干的植株置于定植篮中，并用蛭石固定好根部。

3

4

4 将装好植株的定植篮置于水培瓶中，大约2周，待水生根长出后，可加入营养液，并将植株移至光线充足处养护。

达人支招

① 有的植株树身较重，可不用定植篮，直接在水培容器中加入一些陶粒或珍珠岩来固定根部即可。

② 水培初期，换水频率较高，换水过程中要注意不要伤到根系。

水培观察室

Q 我家的水培榕树总是掉叶，是怎么回事？

A 此时最好检查一下植株的根系是否受到了损伤或出现了腐烂的情况。若根系受到损伤，则易导致落叶，但根系的损伤却不易被察觉。可在换水时，检查一下根系，并适当修剪弱根、死根及伤根。此外，榕树的根易滋生各种细菌，可喷洒多菌灵进行防治。

扮靓 TIPS

遒劲壮观的 袖珍榕树

材料： 蓝色玻璃瓶、丝带、条纹布、绳子、不织布

创意概念： 榕树原产于热带亚洲，榕树以树形奇特，枝叶繁茂，树冠巨大而著称。榕树的支柱根和枝干交织在一起，形似稠密的丛林，因此被称之为"独木成林"。如今，因为榕树的造型优美，很多人把它培植成办公桌上的"微型盆景"。若是将其与充满地中海感觉的蓝色水培瓶搭配在一起，再配上用条纹布做成的桃心，让人仿佛沐浴在夏日海岸明媚的气息里。

发财树，
天然的 "加湿器"

发财树不仅含有财富充足、福运祥和的寓意，还可以调节居室内的湿度及温度，并吸收房间内的有害气体。若在居室内摆上一两瓶水培发财树，不仅看着生机勃勃，还能改善居室环境，何乐而不为呢？

种植帮帮忙

花期：发财树的花期为4~5月，可开出白色、淡黄及粉红三种颜色的花；花后会结出大如拳头的蒴果，果子成熟后还会散出带毛的种子。

换水：夏季温度较高时，需每隔15天左右换1次水，4~5天加1次水；冬季可酌情延长换水周期，20天左右换1次水即可；营养液可30天更换1次。

温度：发财树喜高温环境，最适宜的生长温度为15~30℃；冬季室内养护时，温度不能低于16℃，否则叶片易变黄脱落；10℃以下，植株易死亡。

光照：发财树喜光照，能耐半阴，宜置于室内光照充足处或有散射光照的半阴环境中养护。

修剪：5月上旬至中旬比较适合对发财树进行修剪。修剪时可剪除生长过快及较弱的枝叶，以减少养分的消耗。修剪后，可将植株置于明亮的光照处养护，切忌喷水及淋雨。

防病：发财树比较容易生虫，如糠片蚧虫病、吹棉虫病
及介虫病等，可用吡虫啉类或其改良剂经过稀释后喷
杀，每7天喷1次，连续喷施2～3次即可。

养护跟我学

3
将处理过的植株置于1500
倍的多菌灵溶液中浸泡10～15
分钟，进行消毒杀菌处理；消毒
后的植株要用清水冲洗干净，
并置于阴凉处晾干。

2
选取一棵健壮的土培植
株，洗净根部泥土后，剪去
腐烂的根系；剪的时候要小
心，不要伤及根部，且
切口要齐整。

1
发财树株形较小，可选
用小型玻璃容器进行水培；
还可以准备一些玻璃彩球或
鹅卵石来固定根部。

4
将完全晾干
的植株置于水培
容器中，并用彩球或
鹅卵石固定根部；容器内
的水位不宜太高，浸没
根部的1/2即可。

达人支招

① 若在室内养护，
要使植株的叶面正对向阳
处，否则会由于趋光性，
导致枝叶扭曲生长。

② 植株摆放的位置不
能突然改变，若是将其突然
从阴暗处移至光照强烈处养
护，会导致叶片灼伤。

水培观察室

Q 我家水培发财树的叶子为什么老是
发黄？

A 导致黄叶的原因比较多，主要有缺水
和缺肥两点。日常养护时，可根据植
株的生长状况，按时喷洒清水或添加营养
液，这样可使叶片逐渐恢复正常。

孔雀竹芋,
绚丽多彩的开屏孔雀

　　相信很多人都惊艳于孔雀开屏的瞬间,但那一刹那常常是可遇不可求的;若是在家里养上一株孔雀竹芋,则能稍微弥补此种缺憾。孔雀竹芋株形雅致潇洒,叶片绚丽多彩,像是栩栩如生的开屏孔雀,又像是画家精心描绘的彩色图案,独特的风采,使它备受人们的青睐。

种植帮帮忙

花期：孔雀竹芋不常开花，花期通常为5~8月；若是温度适宜，会从根部开出白色的小花。

换水：每1~2天换1次清水，叶片就能正常生长；待植株完全适应水培环境后，15天换1次水即可；可3~4周换1次营养液。

温度：孔雀竹芋喜欢温暖的环境，最适宜的生长温度为20~30℃；冬季气温低于5℃时，易发生冻害；夏季气温高于35℃时，植株的生长会停止或延缓。

光照：孔雀竹芋喜半阴的生长环境，在其生长期间，要保证充足的散射光照；应避免强光直射，否则会导致叶片内卷，并出现叶尖及叶缘枯焦、叶色变黄、斑纹色彩变淡等情况。

修剪：平常养护，可剪除基部的老叶，使植株的主干能吸收到主要营养。

防病：孔雀竹芋平时较少遭遇病虫害，常见的有叶斑病及介壳虫，且一般多是由于养护环境空气干燥及通风不畅所致。日常养护时，最好能够剪除生长过于密集的叶子，且将植株置于通风较好的地方；若是虫害很严重，可用50%的多菌灵兑600倍溶液或吡虫啉系列药物喷杀。

养护跟我学

2

1. 选取健壮且无病虫害的土培植株，将根系清洗干净，然后剪掉瘦弱的根须及枯枝。

3

$2\begin{array}{|c}3\\\hline 4\end{array}$

4

2. 孔雀竹芋株形较大，宜选用大一点的玻璃容器来进行水培。

3. 将选好的植株置于定植杯中，并用蛭石固定好植株的根部。

4. 将装好植株的定植篮置于水培容器上，容器中加清水至根系的1/3～2/3处。

达人支招

① 约10天左右便会长出新的水生根；待植株完全适应水培环境后，可适当添加营养液（每隔3~4周更换1次）进行养护。

② 水培初期，叶片会出现卷曲的情况，需每2天换1次清水。日常养护，只需补充植株所散失的水分即可。

水培观察室

Q 我的水培孔雀竹芋叶子老是往里卷，这是为什么？

A 孔雀竹芋只有在较高的空气湿度下才能生长旺盛，若环境过于干燥，便会出现叶片往里卷的情况，严重的话，还会导致叶缘及叶尖枯焦。平日里养护时，应经常向叶片喷水，特别是夏季高温干燥时更应如此。此外，为了保证叶片的清新美观，还需定期用干净的湿布轻轻擦洗叶片。

旱伞草，
翩翩起舞的小降落伞

旱伞草茎秆挺直，高低错落有致；其叶子呈轮伞状，四季常绿，姿态优美。若是配上一只精美的水培容器，不管是置于书桌上还是作为案头的摆设，其婀娜的风姿都能令人心旷神怡！

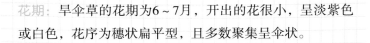
种植帮帮忙

花期：旱伞草的花期为6~7月，开出的花很小，呈淡紫色或白色，花序为穗状扁平型，且多数聚集呈伞状。

换水：一般情况下，7天换1次水即可，具体可根据水质是否浑浊来定；生长季节，可在换水时加入0.1%~0.2%的复合肥，这样植株会生长得更好；切忌施用有机肥料，否则会使水质浑浊，导致根部腐烂；平时要勤换水，不然会使叶子变黄甚至枯死。

温度：旱伞草夏季怕晒，很耐阴，最适宜的生长温度为15~25℃；冬季不耐寒，越冬温度需保持在5℃左右；温度低于12℃时，植株会进入休眠期，停止生长。

光照：旱伞草虽然能够在室内养护，但也不能让其长期处于阴暗的角落；若是能将其置于有充足光照的客厅或是窗户旁，植株会生长得更好；夏季应避免强光直射，否则会导致叶片枯焦。

修剪：由于旱伞草的叶子十分小巧，所以常用于插花，或是盆景制作。可根据自己的不同需要，对植株进行修剪及改造，打造出不同的造型。水培根系若是生长得过长，也可以适当剪短，剪的时候要注意不要伤及根系。

养护跟我学

1

选取一棵带有5～9根小枝条的株丛，小心地磕掉上面的泥土，磕的时候动作一定要轻柔，以免伤及根部。

2

用清水冲洗根部，将附在上面的泥土全部洗净；剪除枯根、枯叶及过多的老根，留下少数嫩根即可。

3

选一个口径较大的玻璃容器，作为旱伞草的家；水培初期根系较少时，可用玻璃珠或鹅卵石来固定植株。

4

整理好植株的根系后，将其置于玻璃容器中；瓶中水位以浸没根系的2/3为宜。

达人支招

旱伞草很能耐潮湿，洗根之后能够迅速适应水培环境，一般4～5天就能长出水生根。日常养护，需将植株置于室内有光照的地方，加水及换水的时间可根据水质的浑浊度及水位来定。

水培观察室

Q 我家的水培旱伞草为什么会出现叶子发黄、叶尖枯焦的情况？

A 旱伞草非常喜欢湿润的环境，若是水分不足，则会出现叶片卷曲、尖端枯焦的情况，故平时应向其叶面洒水以保持湿润度；其次，空气过于干燥，叶端也会枯黄、发焦，可经常向植株周围洒水。

富贵竹，
吉祥富贵的
"开运竹"

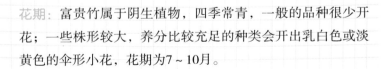

客厅里摆放的那盆水培富贵竹，茎秆挺拔，叶色淡雅常青，叶形典雅秀丽，乳白色的水生根与褐红色的老根，相映成趣，颇为美观；再加上富贵吉祥、竹报平安的寓意及经典的宝塔造型，因而被称为"开运竹"，深受人们的喜爱。

种植帮帮忙

花期：富贵竹属于阴生植物，四季常青，一般的品种很少开花；一些株形较大，养分比较充足的种类会开出乳白色或淡黄色的伞形小花，花期为7～10月。

换水：水培初期，可选用暴晒24小时的自来水；容器内的水位降低后，需及时加水；日常养护，以加水为主，换水为辅，换水过勤会影响植株生长；一般7～10天换1次水即可。

温度：富贵竹原产于非洲热带地区，喜温暖环境，最适宜的生长温度为18～24℃，属于比较耐高温的植物；气温低于13℃时，植株会停止生长，进入休眠期；冬季室温保持在10℃以上才能安全越冬。

光照：富贵竹对光照要求不高，极其耐阴，在弱光下也能苗壮生长；冬季将其置于室内向阳处多接受光照，可使叶色保持青翠亮丽，但要避免将其长时间置于强光照的环境中。

修剪：水培的过程中，植株的根系会出现生长过多的情况，这时可轻轻剪掉部分根须，让植株更好地生长。

防病：富贵竹虫害较少。常见的病害为叶斑病及竹炭疽病。叶斑病的症状为叶片上出现褐色斑点，扩散后造成叶片破损，这时要注意通风，并喷洒乙磷铝锰锌等杀菌剂；竹炭疽病的主要症状为叶片枯萎，并不断向上部叶片蔓延，出现此种情况后，需立即剪除病叶，并喷洒50%的复方多菌灵兑500倍溶液。

养护跟我学

3

将切好的茎秆置于装好清水的容器中，瓶中水位以浸没茎秆下端1/3为准；常温条件下，30天左右就会生根，且上端的腋芽开始生长，形成冠状叶丛。

2

将多年生健壮植株连根取出；洗净泥土后，将茎秆切成20~30厘米长的段，并将下端叶片剪除。

1

富贵竹的茎秆比较修长，单枝水培时，宜选用细口玻璃瓶，多株水培时，可选用直径15厘米左右的无底孔容器。

4

富贵竹的根须生长速度比较快，在其生根后，可改用浓度为原配方1/4的园试配方营养液养护；夏季营养液的浓度应降低到原配方的1/6~1/5，且7天更新1次，冬季可酌情延长更换时间；添加营养液时，平时只需浸没根部的3/4，冬季浸没根部的1/2即可。

达人支招

① 若采取宝塔状培植，可将富贵竹置于1～3厘米水深的浅盆内养护，不久后底部就会逐渐发出新根。

② 养护富贵竹时要保证充足的散射光照；空气较为干燥时，要经常向叶面喷洒清水，以免叶尖干枯。

水培观察室

Q 我家的富贵竹原本长得很好，最近叶子突然变黄了，为什么?

A 导致富贵竹叶子变黄的主要原因如下：一是光照原因，若光线过强会导致富贵竹叶片变色发黄，所以宜将其置于有明亮散射光的环境下生长；二是水质原因，水培富贵竹最好能选用河水或是井水，若选用自来水，最好经过暴晒，在给富贵竹添水或是换水时，不能用低于或高于室温的水，以免引起植株不适。

扮靓 TIPS

吉祥如意的开运竹

材料： 陶瓷花盆、绿丝带

创意概念： 富贵竹的茎秆很有可塑性，可将其弯曲成各种有趣的造型，如将其截成长短不同的茎段，再用绿丝带捆成不同直径的圆盘，即可叠成底大顶小的宝塔形状。

常春藤，

飘逸洒脱的 "瀑布墙"

花架上的常春藤越来越旺盛了，那浓密的叶子似乎转眼间就能爬满整座花架；其青翠的叶色，不仅充满大自然的气息，还能起到装点居室的效果；再看那互相缠绕的枝叶，郁郁葱葱地向四周伸展，远远望去，好似一面绿色的瀑布墙……

种植帮帮忙

花期：常春藤的花期为秋季，开出的花朵不大，一般呈黄白色。

换水：水培初期，需2~3天换1次水；夏季可每隔4~5天加1次清水；冬季10~20天加1次清水即可；营养液可2~3周更换1次。

温度：常春藤喜温暖、湿润的环境，最适宜的生长温度为15~22℃。夏季在室内养护时，要注意通风降温；冬季最好将其置于5℃以上的环境中，并做好保温措施。

光照：常春藤喜较强的散射光，忌长久的强光直射。其生长情况会因光照强度的不同而异，在光照充足的条件下，植株生长旺盛，叶子颜色更深；在半日照条件下，叶子较小，叶色较鲜明。

修剪：常春藤属爬藤植物，茎蔓细长柔软，可定期修剪过长的枝叶，也可以根据个人喜好将其修剪成不同的造型。

防病：常春藤常见的病虫害有介壳虫、叶斑病及炭疽病。介壳虫初发期，可直接人工捕捉，虫害较严重时，可用40%的氧化乐果乳油兑800倍液喷洒叶面；叶斑病可先摘掉病叶，再向叶片喷洒1%的波尔多液，每7天喷1次，连喷4~5次即可；炭疽病可向叶面喷施50%的多菌灵可湿性粉剂兑500倍液进行防治，每7天喷1次，连喷3~4次即可。

养护跟我学

1. 选取十几株半木质化且带有气生根的健壮枝条。

2. 常春藤的株形较大，宜选用底座较稳的容器进行水培。

3. 将捆好的枝条放入定植篮中，并用蛭石及彩石等轻型基质将其固定好。

4. 将定植篮置于水培容器上，并往容器中加入清水，只需浸没到定植篮的底部即可。大约15天左右即可长出水生根，之后每天向叶面喷水以保持温度。

达人支招

① 出根后2～3周为植株的生长旺季，这时植株对营养的需求量会增加，可适当地增加水培营养液。

② 可根据个人喜好，对枝蔓进行牵引和修剪。

扮靓 TIPS

郁郁葱葱的花样常春藤

材料： 玻璃瓶、五彩小石头、透明圆石、蛭石

创意概念： 常春藤那郁郁葱葱、青翠欲滴的小叶子，充满了大自然的气息，再搭配上五彩的小石头、透明的圆石、蛭石及水培玻璃瓶，不管是置于餐桌、茶几上或是卫生间里，都会让宁静的家居空间变得生动起来，从而引发对生活的无限遐想。

水培观察室

Q 我家的水培常春藤为什么只长根而不长叶子？

A 可能是由于放置的地方温度不高、光线不好所致。要尽量将其置于光线明亮处养护，才会长势良好，若是长期处于阴暗处，就会出现不长叶子的情况；另外，还要添加专门的水培营养液，如果只是用清水养护，叶子也会长得很缓慢。

龟背竹，

带给人健康的
另类"竹子"

龟背竹其叶形奇特，宽大的叶面
如乌龟的背部，颇为有趣。除了奇特
的造型可供人观赏，龟背竹还能充当家里的
空气净化器，在书房或是客厅里摆放一盆，
不仅点缀了居室，还能带来健康，可谓是一
举多得！

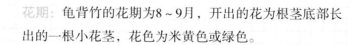

种植帮帮忙

花期：龟背竹的花期为8~9月，开出的花为根茎底部长
出的一根小花茎，花色为米黄色或绿色。

换水：水培初期，需3~4天换1次清水；日常养护，
7~10天加1次清水，15~30天更换1次营养液即可。

温度：龟背竹喜湿润、温暖的环境，最适宜的生长温度
为20~25℃；若气温在35℃以上或10℃以下，植株会停
止生长，进入休眠状态；若气温低于5℃，则易受冻害。

光照：龟背竹怕强光直射，若受到阳光直射，叶片会出
现灼伤及枯焦的情况，从而降低观赏性。

修剪：生长旺季需剪掉过于稠密的枝叶及过长的枝蔓，否则会影响植株的美观；此外，还要用绳子将叶片固定好，以免叶片倒伏。

防病：龟背竹常见的病虫害为灰斑病及介壳虫。若发生灰斑病，需及时剪掉病叶；介壳虫则可用40%的氧化乐果乳油1000倍溶液喷杀。

 养护跟我学

2 因为龟背竹的植株不是很大，所以准备一个体形不大的玻璃瓶即可。

3 若是没有定植篮，可以用白色的小石头来固定好龟背竹的根部。

1 选取小型土培植株用洗根法进行水培，也可直接将带有气生根的枝条插入水中进行水培。

4 将龟背竹置于水培容器中，将晾晒好的清水或是矿泉水倒入瓶中，浸没其根部的1/3处即可。

达人支招

① 移植后，每个月换1次清水，才能保证植株茁壮成长。

② 一般7天左右就能长出水生根，待其根部长至3~5厘米时，就需要改用营养液培养了。

水培观察室

Q 我家的水培龟背竹出现了叶片变黄的现象，是什么原因？

A 主要有以下两个方面的原因：一是受冻，若冬季温度低于5℃，则会引发冻害，导致叶片变黄，可对植株根部采取适当的保暖措施，以增强其抗寒力；二是光照，龟背竹虽然耐阴，但长期将其置于荫蔽的环境中，会影响其光合作用，从而导致叶子变黄，故日常养护时，应给予其适当的散射光照。

扮靓 TIPS

清新淡雅的彩带龟背竹

材料： 玻璃瓶、清新彩带

创意概念： 龟背竹有着形如龟背的宽大叶面，这一特点足以凸显出它是竹子中的"异类"，若搭配上几卷彩带装饰的玻璃瓶，简简单单的几种淡雅之色，就能让龟背竹立刻增添一抹高雅清新的气息，不管是将它们置于卧室还是客厅里，都能成为你居家生活中的绝佳"伴侣"。

广东万年青，
生机盎然的"长寿树"

隆冬时节，万物凋谢，万年青的叶子却依旧生机勃勃，这让喜爱它的人又多了一个理由。万年青却长着光滑、翠绿的大叶子，常常给人一种生机盎然之感。

种植帮帮忙

花期：广东万年青的花期为夏末秋初，开出的花一般集中在植株顶部，颜色白中带绿。

换水：水培期间无需常常换水；盛夏季节，一般7天加1次水，冬季可酌情延长至20天加1次水。

温度：广东万年青原产于菲律宾及我国广东，喜高温、阴湿环境，最适宜的生长温度为25~30℃；当温度低于15℃时，植株会停止生长；若温度保持在10℃以上，植株能安全越冬。

光照：广东万年青喜欢半阴、通风的环境，怕阳光直射；若将其长期置于强光的环境下，会导致叶片变色，影响美观。

修剪：若发现黄叶，需及时剪除，以防止烂叶影响水质，从而危害植株健康。

防病：广东万年青常见的虫害为褐软蚧病等。褐软蚧会吸食植株上的嫩叶，且其排泄物会污染叶面，可用40%的乐果乳油兑1000倍溶液喷洒植株进行防治。

养护跟我学

1

广东万年青叶片宽大，茎秆粗壮，宜选择带有定植篮的椭圆形玻璃容器进行水培。

2

选取健壮的枝条，截取适当长短的上部枝梢，或直接选用健康的土培植株进行水培。

3

从土培转水培时可将土生根系剪除，并用0.05%的高锰酸钾溶液进行消毒，这样做可防止水培初期出现根系腐烂的情况。

4

将消毒后的植株置于容器中，可用陶粒或珍珠岩固定其根部；容器中的水位只需加至植株根部的2/3处，以不浸没定植篮的底部为准，为植株根部留出呼吸的空间。

达人支招

待新根长出后，可每10天更换1次营养液；温度较高时，营养液需7~10天更换1次；温度较低时，15天更换1次即可。平时注意观察营养液中的沉淀物，若沉淀物过多，则需及时更换营养液。

水培观察室

Q 我家水培广东万年青的叶子被冻伤了，怎么办？

A 广东万年青的叶子受冻后，往往会导致茎叶坏死，并呈水浸状软腐萎蔫脱落。若根部尚未被冻坏，可剪除坏死茎叶，并将植株移至阳光充足处养护。

香气满庭落

的观花观果水培

马蹄莲，
芳菲似锦四月香

芳菲似锦的四月，迎着清晨的朝阳，马蹄莲在露水的滋润中醒来。那纯白色的花瓣，微黄的花蕊，如此清丽高雅，好像一位娇羞的少女！疲惫的时候，只要望望那兀自开得热烈的马蹄莲，抑郁的心情顿时会一扫而光……

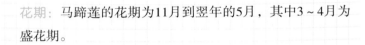
种植帮帮忙

花期：马蹄莲的花期为11月到翌年的5月，其中3～4月为盛花期。

换水：一般可以根据天气来决定换水频率，天热的时候3～4天换1次水，天冷的时候10～15天换1次水。

温度：马蹄莲性喜温暖、湿润的环境，最适宜的生长温度为15～25℃；当温度低于0℃时，根茎会因受冻而死亡，故冬季需将其移至有暖气的地方养护。

光照：马蹄莲稍耐阴，夏季阳光过强时可进行适当遮阴；冬季需要保证充足的光照，若光线不足，则会影响开花质量。

修剪：马蹄莲的叶片寿命较短，待新叶慢慢长出后，外围的老叶就会逐渐变黄，此时，需及时剪掉黄叶；平时勤加修剪，可促使其多长花苞；花谢之后，也要及时剪去花莛和残花，否则会消耗掉更多养分，并影响植株再次开花。

防病：马蹄莲常见的病虫害为软腐病、叶斑病、病毒病及红蜘蛛等。软腐病发病后，要及时将病株拔除，并用200倍的福尔马林浸泡植株进行消毒；叶斑病可喷洒25%的敌力脱乳油1000～1500倍液进行防治，每7～15天喷洒1次，连续喷2～3次即可；病毒病在植株生长期间可用50%的马拉松1000倍液进行防治；红蜘蛛可用40%的三氯杀螨醇1000倍液喷杀。

养护跟我学

1. 马蹄莲球根较大且植株直立挺拔，宜选用高度在10厘米以上且肚大口小的透明玻璃容器进行水培。

2. 选取一盆生长健壮的土培植株，将其小心地从花盆中取出；轻轻地去掉根部的泥土，剪掉烂叶和枯根；用清水将其洗净后，置于阴凉处晾干。

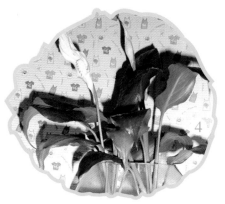

3. 用多菌灵1000倍液浸泡根部3分钟左右进行消毒；然后将植株置于定植篮中，可用珍珠岩及陶粒固定植株；将定植篮置于水培容器内，加水至定植篮的底部即可。

4. 将植株置于阳光充足的地方养护，且每个星期用营养液喷洒叶面1次，在温度适宜的情况下，马蹄莲将苗壮成长并花开不断。

达人支招

① 在对根部进行消毒时，时间切忌过长，3~5分钟足矣。

② 将植株置于定植篮中时，根系无需穿过定植篮底部的小孔。

水培观察室

Q 我家的水培马蹄莲为什么光长叶子而不开花?

A 这可能是没有及时添加营养液或是空气湿度没有达到要求所致。要想让植株开花，需要特别注意以下两点：①马蹄莲对营养的需求很高，所以平日养护时需定期添加一些营养液，最好能够每隔15天就添加1次稀释过的复合肥。②夏季温度较高时，早晚都要向植株四周喷水，以增加生长环境中的空气湿度。只要做到了这些就能促使马蹄莲开花。此外，叶子生长过于繁茂时要及时疏叶，这样也有利于花葶的抽出。

扮靓 TIPS

极具印象派的彩片马蹄莲

材料： 玻璃瓶、彩色玻璃片

创意概念： 选一些彩色的玻璃片，用粘胶粘在预先构好图的玻璃瓶上，这样一个色彩斑斓的水培花瓶就做好了。马蹄莲本身极具清新高雅的气质，若是再搭配一个极具个性的水培花瓶，相信会让你单调的居室刹那间变得灵动起来。

风信子，
象征着浪漫的爱情

在花鸟市场上看到一瓶水培风信子，顿时被它惊艳：那洁白的根须在水里荡啊荡的，更奇妙的是根须间竟然还有几条红色的小鱼儿在来回穿梭……卖花人介绍说，风信子品种丰富、色彩绚丽，不同颜色的风信子所代表的花语也各不相同：紫色风信子的花语是悲伤、忧郁的爱，黄色风信子的花语是有你就幸福，红色风信子的花语则是感动的爱……

种植帮帮忙

花期：风信子的花期在每年的3～5月。

换水：每7天左右换1次水。若取用自来水，需在阳光下暴晒24小时；若添加营养液，宜每4周更换1次。

温度：风信子喜湿润的环境，忌高温，较耐寒，其鳞茎生根最适宜的温度为2～6℃，花芽萌动最适宜的温度为5～10℃，现蕾开花期气温以15～18℃为最好。

光照：风信子喜光，但要控制好光照的时间和强度，若光照过强，会导致叶片灼伤或花期缩短；而光照过弱，会导致花苞小、叶发黄或花早谢等状况。

修剪：待花败后，要及时剪去花序部分，并追施1～2次以磷元素为主的营养液，以促进球茎的生长。

防病：风信子一般很少发生虫害，但易得黄腐病和菌核病。患上黄腐病的受害植株叶脉后会产生水渍状病斑，后期呈现为褐色或黄色，鳞茎内部还会充满黄色的腐液，并慢慢腐烂，发病时，可喷洒50%的多菌灵1000倍液进行防治。菌核病是由鳞茎侵入的，会导致叶片出现黄色圆斑或条斑，出现病株后要及时拔除，生长期要喷洒波尔多液。

养护跟我学

1 选取顶芽充实、直径较大、茎盘完整的健壮鳞茎；剥去鳞茎的外皮膜，清除茎盘底部的枯萎根；将鳞茎洗净后置于专门的葫芦型透明玻璃容器中，也可置于广口细颈的玻璃容器中；往容器中注入清水，让鳞茎底部与水刚好接触。

2 将植株置于冷凉阴暗处养护，营养液只需浸至球底即可；还可以用黑布遮住瓶身，不久可促使植株长出洁白的水生根。

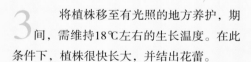

3 将植株移至有光照的地方养护，期间，需维持18℃左右的生长温度。在此条件下，植株很快长大，并结出花蕾。

4 要保证有充足的光照，这样花蕾才会不断发育，花朵才会开得更好。花败后，要将鳞茎栽培在土壤中，待叶片枯死后再将其挖出晾干贮藏。

达人支招

① 给植株换水时，不要移动根系，水要从容器边沿缓缓注入。

② 风信子的球茎有一定的毒性，如误食，易引发头晕、腹泻和胃痉挛等症状。若家里有小孩或养有宠物，需谨防球茎被误食。

水培观察室

Q 我家的水培风信子最近出现了黄叶，怎么办？

A 水培容器里的水位要与风信子的球茎之间保留1~2厘米的空间，让根系可以呼吸，若水位没过了球茎的底部，则容易导致黄叶；同时，要保证水质的清洁，并视水体的浑浊度更换营养液；另外，球茎发芽前，不能直接置于阳光下，发芽后，可将其置于空气流通且光线明亮的地方养护，这样有利于植株生长。

扮靓 TIPS

送给情人的幸福风信子

材料：葫芦形玻璃瓶、麻绳、红色小花

创意概念：将麻绳沿着葫芦型玻璃瓶的瓶身及瓶口缠绕，固定好后用红色的小花作为点缀即可；用这样的花瓶配黄色的风信子送给情人，代表着有你就幸福！

铁兰，
扇动着翅膀的美丽紫蝴蝶

　　铁兰叶形纤细秀美，扁平的花序犹如一把小扇子，小花娇艳夺目且自上而下开放在花序两侧，像是美丽的紫蝴蝶扇动着翅膀停留在扇面之上，美丽之极，令人不甚怜惜！待那紫红色的小花开败之后，只要将之摘去，花序风采依旧。若是用透明的漂亮容器养护这样一株花卉，将其置于茶几、案头上欣赏，又清新，又雅致。

种植帮帮忙

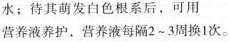

花期：铁兰的花期在1~3月，可长达70~80天，其花序呈扁平椭圆形，花呈淡紫色。

换水：水培初期，每天向叶面喷雾1~2次，且每隔2~3天换1次清水；待其萌发白色根系后，可用营养液养护，营养液每隔2~3周换1次。

温度：铁兰最适宜的生长温度为20~32℃，越冬温度最好不低于10℃。

光照：铁兰喜欢明亮的散射光照，忌强烈的阳光直射。夏季要进行遮阴，冬季需延长光照时间。

修剪：剪掉一些已经开完花的花蕾，并不会影响铁兰的生长，不及时修剪也无妨。若发现有小株的铁兰长至母株一半的高度时，可分株让其独立生长。此外，如果有枯叶出现，要及时摘除。

防病：铁兰常见的虫害为介壳虫。在介壳虫的孵化期，可用1%的氧化乐果和25%的亚胺硫磷乳油1000倍溶液进行防治，每周喷洒1次即可。此外，保持养护环境通风，能减少虫害的发生。

1. 选取已经成形的土培植株，并将其根部置于0.05%~1%的高锰酸钾溶液中消毒。

养护跟我学

2. 铁兰的株形比较小巧，宜选用小型的透明玻璃容器进行水培。

3. 将植株置于选好的水培容器中，用彩色的小石头来固定住铁兰的根部，加水量以不超过根系的1/2为宜。

4. 在根系尚未长出之前，需每天换水；待根系长出后，需按水位高低及时补水；不久之后，它的花序就会萌发出来。

达人支招

① 在铁兰的生长期内，需保证充足的散射光照；每半个月还需向叶面喷施1次0.1%的磷酸二氢钾水溶液。

② 炎热的夏季，每天都需对叶面喷水2～3次。

水培观察室

Q 我家的水培铁兰一直长得很好，但为什么不开花？

A 可能是光照不足引起的。在铁兰的生长期内，需要有充足的散光照射，若光线不足，会导致植株生长不良；同时，需避免强烈的光线直射，日常养护，可将其置于室内靠窗的光线明亮处，冬季则需将其移至朝南的窗台上，使其接受更多的光照。

扮靓 TIPS

风情婉约的紫花凤梨

材料： 麻绳、蕾丝、彩线、扣子、彩珠、玻璃瓶

创意概念： 挑选一些麻绳缠绕在玻璃瓶上，固定好之后再在瓶口和瓶底分别缠上蕾丝边，然后在瓶身上用彩线盘成不同的图案，用一些彩珠及小扣子固定好，这样一个极具特色的水培花瓶就做好了。再配上美丽之极的铁兰，相信你一定会爱不释手！

君子兰，
春意盎然的绿叶红花

　　"君子谦谦，温和有礼，高贵典雅，清新脱俗，有才而不骄，得志而不傲。"是君子兰的花语。尽管它优美端庄，翠绿挺拔，色泽光亮，却始终淡泊坦荡，温娴儒雅，质朴不骄，真不愧为"花中君子"。

种植帮帮忙

花期： 君子兰的花期为12月至翌年4月，通常只有长出12片叶子时才会开花。

换水： 水培初期需2～3天换1次清水。由于水培初期老化根及受伤根会腐烂、萎缩，所以在换水的时候，要及时将根系清理干净。

温度： 君子兰喜温暖、湿润的环境，怕高温，最适宜的生长温度为15～25℃；若温度超过30℃，会导致叶片狭长且薄，开花时间短且花色不艳；若温度低于5℃，则会导致植株停止生长。

光照： 君子兰喜半阴环境，怕阳光直射，日常养护，宜给予其散射光；冬季、早春及晚秋时节，给予植株充足的光照才能开花；此外，想让叶片排列整齐，应每隔7天将水培容器旋转180°，这样可以让叶片均匀受光，从而变得整齐、美观。

修剪：若发现枯黄的叶片，为了避免其消耗过多的养分，应立即剪除；修剪完后不能立即喷水，以免导致烂叶；修剪后的第二天，需向叶面喷洒杀菌剂进行消毒。

防病：君子兰较少发生病虫害，若不幸遭遇炭疽病、白绢病，可用皮康王、达克宁软膏涂抹植株，效果极佳。

养护跟我学

1. 君子兰根茎粗壮、植株挺立，宜根据植株大小选用合适的容器进行水培。

2. 可去花市选购健壮的土培植株进行水培，注意要挑选叶片鲜绿且两边宽窄、长短一致、品相较好的品种。

3. 用清水将根部清洗干净，并剪去烂根，然后将修剪好的根系放入0.05%～0.1%的高锰酸钾稀释液中浸泡约10分钟；洗净后，将植株装入带有定植篮的水培瓶中。

4. 将瓶中注入没过根系1/3的清水；催根期间，每2～3天换1次清水，一般半个月后就能长出水生根。

达人支招

① 当新根长至5~8厘米时，可改用营养液养护；10~15天更换1次营养液即可。

② 已经发育充实的植株，当春季气温回升至18℃以上时，需每周向其叶面喷施1次0.1%的磷酸二氢钾稀释液，可增强植株长势，促进花芽分化。

扮靓 TIPS

流光溢彩的 手绘君子兰

材料：玻璃瓶、蓝色油漆、小刷子

创意概念：用小刷子蘸取蓝色油漆涂在玻璃瓶上，如此清新又灵动的画面跃然瓶身之上，怎么看都像是一件艺术品！再搭配上清新高雅的君子兰，就衬得你的家更美了！

水培观察室

Q 我家的水培君子兰为什么徒长叶子而不开花？

A 可能是养护不当造成的。日常养护的过程中，需控制氮元素的使用量，增施以磷、钾元素为主的营养液。若氮元素过量，就会出现只长叶子不开花的情况。光照对君子兰开花也很重要，夏天要注意避光，且需将植株置于阴凉通风处养护。春、秋季要增加透光度，冬季要将植株置于室内光线充足的地方。只有做到以上的这些，君子兰才会开出美丽的花儿。

八仙花，
花团锦簇的"大家庭"

八仙花是由一朵朵小花组成的球状花，单看这些小花时，会略显木讷，但它们总是团抱在一起，显得十分热闹。花朵初放时，为淡绿色的翡翠，慢慢地，会转为令人浮想联翩的粉色，最后盛开时，又会转为妖娆的深粉色。如此多变的花色，叫人怎能不爱呢？

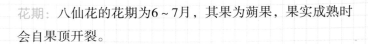

种植帮帮忙

花期：八仙花的花期为6～7月，其果为蒴果，果实成熟时会自果顶开裂。

换水：水培初期可每隔2～3天换1次水，后期需及时补水，保证水培容器内的水位浸没根系的1/2即可。

温度：八仙花喜温暖、湿润的环境，最适宜的生长温度为20～25℃；当花蕾开始着色时，温度宜保持在10℃～12℃，以加深花朵的颜色。

光照：八仙花比较耐阴，夏季养护时，忌烈日暴晒，避免叶片灼伤；花序着色后，要适当遮光，以免花色变淡。

修剪：花谢后要进行修剪，剪除花序及其下部1～2节，以促发新枝；当新枝长到8～10厘米时，可进行摘心，以修正植株形态，使植株更加美观。

防病：八仙花病虫害较少，偶尔会遭到叶斑病及蚜虫的侵扰。叶斑病发病期间，可喷洒65%的代森锌500倍液进行防治；若滋生蚜虫，可用灭菊酯2000倍液喷杀。

养护跟我学

2 春季，选取大小适中的土培植株，或健壮、无病虫害、长约7厘米左右的枝条进行水培。

3 剪下的枝条可用多菌灵液进行消毒；待枝条晾干后直接插入到水培容器中，并用色彩鲜艳的水培珠进行固定，以便其能够更好地生根。

1 八仙花根部较大，且开出的花朵比较大，因此宜选用基部较大且稳定的透明容器进行水培。

4 可用报纸包裹容器进行遮阴，以便枝条能够早日生根；待到6月，植株就会长出漂亮的花蕾。

达人支招

① 植株完全适应水培环境后，要将其移至散射光较强处改用营养液进行养护；营养液可每隔10天左右更换1次。

② 高温季节，如遇干旱，可经常向叶片喷水，以保证植株正常生长。

水培观察室

Q 我家的水培八仙花枝叶很繁茂，但怎么不开花？

A 可能是开花枝条被剪掉了。八仙花的花芽生在枝条前端，且生在老枝上，当年的新枝是不开花的；春天通常不能剪枝，实在要剪，只可剪掉细弱枝条。

朱顶红，

柔和艳丽的"君子红"

书桌上摆放着一盆亭亭玉立的朱顶红，它的每根花茎上都开出了好几朵形似喇叭的花朵，配上绿绿、扁扁的叶子，颇为赏心悦目！由于朱顶红的外形像极了君子兰，所以它又有"君子红"的美称。

种植帮帮忙

花期：朱顶红的花期为4~6月，通常黄褐色的鳞茎开红色的花，浅绿色的鳞茎开白色或白色上带有条纹的花。

换水：水培初期每2~3天换1次水；15天后可每隔5~7天换1次水。待植株长出水生根后，还需加入营养液；营养液可每隔15天更换1次。

温度：朱顶红喜温暖、湿润的环境，最适宜的生长温度为18~25℃。

光照：朱顶红夏季忌炎热，不耐强光直射，宜将其放在光线明亮、通风好且没有长时间强光直射的窗前养护。

修剪：花谢后，需及时将花梗剪掉，以免其消耗掉过多的养分，不利于鳞茎生长发育。

防病：朱顶红常见的病虫害有斑点病、病毒病及线虫病。斑点病需摘除病叶，并在养护前用0.5%的福尔马林溶液浸泡鳞茎2小时进行消毒，此外，春季还需喷洒波尔多液；病毒病可喷洒75%的百菌清可湿性粉剂700倍液进行防治；线虫病也可用0.5%的福尔马林溶液浸泡鳞茎3～4小时进行防治。

养护跟我学

1. 朱顶红通过鳞茎繁殖，且茎秆细长，宜选用高筒型的透明容器来进行水培。

2. 挑选直径在6厘米以上的种球；挑选时，可用手指按压球体，若感觉内部有柱状物又比较结实，说明花芽已经发育成熟，这样的种球最适合用来水培。

3. 剥除种球的外皮，并清除茎盘部位的枯萎根系；用刀在种球顶部沿着没有长小球的两侧竖着往下切到球体的1/3；将切好的种球置于清水中浸泡24小时；洗去切口上的黏液后，就可以开始水培催根了。

4. 白天要让种球接受充足的光照，夜晚则要为其做好保温工作，一般10天左右即可生根。待到春末夏初之际，朱顶红便会开花。

达人支招

① 开花期将植株置于温度较低的凉爽处养护，可使花期延长，花色更艳丽。

② 冬季植株进入休眠期后，将其移至冷凉干燥处；待叶片自然枯萎后，将其剪除；此时应减少营养液的用量，维持鳞茎不会枯萎即可，否则鳞茎易腐烂。

水培观察室

Q 我想让我家的朱顶红在春节期间开花，该怎么做呢？

A 朱顶红在春节期间也是可以开花的。春节前80～90天，不给朱顶红加水也不加营养液，待叶片稍呈萎蔫状态时，将叶片齐根剪掉，然后将植株置于室内干燥阴凉处，并将室温保持在13℃左右，这时朱顶红的球茎会被迫休眠并进行花芽分化。春节前30～40天，补充营养液，并将植株置于室内温暖的向阳处，保持室温在20～25℃之间，不久后，便会有花箭抽出。经过精心养护，朱顶红就能在春节期间开花了。

扮靓 TIPS

欧式炫彩朱顶红

材料： 欧式彩色玻璃瓶

创意概念： 如果家里有闲置不用的欧式玻璃花瓶，不妨拿来当做水培容器，像这种炫彩的色泽以及敞口的造型，最适合用来栽培一株亭亭玉立的朱顶红，相信不论是将它摆放在客厅的茶几上，还是卧室的窗台边，都能让人被它独具一格的风韵所吸引！

碗莲,
花色丰富的
碗中荷花

碗莲花色比较丰富，花期较长，且花及叶都很优美，若是将其放在比较考究的小盆中，再置于典雅精致的花架上，绝对能与室内装饰相映成趣，令人赏心悦目！

种植帮帮忙

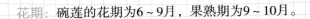

花期：碗莲的花期为6~9月，果熟期为9~10月。

换水：碗莲一般不用换水，只需保持水体清洁，并定期加入清水即可。

温度：碗莲最适宜的生长温度为20~30℃，可以耐40℃的高温，气温低于0℃时，易受冻害。

光照：碗莲喜光，若每天能够接受7~8小时的光照，可多孕育花蕾，且开花不断；若光照不足，会造成植株徒长，且影响孕蕾开花。

修剪：若叶片长得比较密，会导致植株很难开花，故应适当摘去部分叶片。若在植株生长过程中，出现了黄叶、枯叶，则需及时修剪。

防病：碗莲常见的病害为腐烂病，发病初期，可喷洒70%的甲基硫菌灵可湿性粉剂800倍液，或50%的多菌灵可湿性粉剂800倍液，或30%的碱式硫酸铜悬浮剂500倍液进行防治，每隔10天左右喷洒1次，连续喷洒2~3次即可。

养护跟我学

1. 由于碗莲的根系不太发达，所以最理想的水培容器为直径25厘米、高20厘米的瓷花盆。

2. 碗莲的种子外壳较为坚硬，在浸种前要进行开口处理。在种莲上有小凸点的一头开一个小口，然后用小刀切掉1/3的种皮。

3. 将处理好的种子放入50℃的清水中；水需没过种子，且室温需控制在20℃以上。每天早晚换1次水，大概5天就能发芽了。

4. 发芽后，大约再过一周，就会有白色的根系长出，表明水培已经成功。这时可以每天给予其充足的光照，但不要经常换水，也不要随意翻动，任其自然生长。大约一个月后，浮叶就会长出，此时可以将其移至准备好的容器中养护。容器中的水位需距离盆口2～3厘米，好让根系和绿芽继续生长。

达人支招

① 发芽的过程中，有些种子会出现长毛的现象，这是种子本身出了问题，要马上将其拣出扔掉，以免对其他种子造成污染。

② 当碗莲的叶子越长越多，能够覆盖整个水面时，就要考虑分盆养护了。

水培观察室

Q 我想将水培碗莲的根系固定起来，该怎么做比较好？

A 一般根系较发达的花草都用陶粒、彩色水培珠子或是鹅卵石来固定，但碗莲出现根部漂浮的状况时，鹅卵石的用处并不大，这时可用泥土埋住根系。如果你觉得泥土不够美，可从市场上购买一些水晶花泥，既可以固定根系，又能够显示出主人独特的品位和用心。

金边瑞香，
梦中自有暗香来

金边瑞香的叶子为椭圆形，叶面呈深绿色，叶背为淡绿色，衬上叶缘的金黄色，十分显眼；其花呈被筒状，每朵均由十几朵小花组成，它们由外向内开放，色泽鲜艳、花香浓郁，有"牡丹花国色天香，瑞香花金边最良"的美誉。

种植帮帮忙

花期：金边瑞香在春节期间开花，花期可长达两个多月。

换水：夏季4～5天加1次水，冬季10～20天加1次水；营养液每个月更换1次即可。若发现水质突然变得浑浊，要及时换水并检查是否有烂根现象发生。

温度：金边瑞香是瑞香的一个园艺变种，其抗寒能力较差，最适宜的生长温度为20～28℃，若气温超过35℃，会导致植株死亡，若低于10℃，则会产生冻害；11月份之前，将植株移至温度不低于5℃的室内养护，才能顺利越冬。

光照：金边瑞香喜明亮的散射光，忌高温烈日，夏季可将其放置在阴凉透风的花架上养护，待秋季来临后，再让其接受较多的光照。

修剪：金边瑞香在春季生长旺盛期要摘心、摘叶，疏去过多的新萌枝条，以控制水分的蒸发；花期后，可将开过花的枝条剪短，促使其多分枝，增加第二年的开花数量；平时修剪，需剪除徒长枝、交叉枝、重叠枝，对影响美观的枝条也要及时剪除。

防病：金边瑞香常见的病害为茎腐病，7～9月为发病高峰期，病症为根茎部位发黑腐烂，并逐步向根部发展。一旦染病，应及时将病株扔掉，并冲洗、消毒容器；健康植株需用500倍多菌灵溶液浇洗消毒，以防病害蔓延。

养护跟我学

1

1 选择健壮的小型土培植株，或截取长约8厘米的枝条。

2

2 水培初期，可以选择口径比较小的透明玻璃容器。

3 将选取好的土培植株洗净后置于定植篮中，并用彩色小石头、鹅卵石或是陶粒将其根部固定好。

3

4

4 将固定好植株的定植篮置于准备好的水培容器上，往里加入清水后，放在阳光充足处养护。

达人支招

① 日常养护，可每天往叶面喷雾1～2次，且1周换1次水；换水的同时，还可以往水中滴入2～3滴食醋，以促使植株生根。

② 待金边瑞香生长出水生根后，可以将其移到大型水培瓶中定植。

水培观察室

Q 我家的水培金边瑞香，叶子为什么都萎蔫了？

A 造成这种情况可能是因为温度太低或是烂根引起的。金边瑞香喜温暖、通风的环境，其根部是半肉质化的气生根，若是长期处于阴冷且不通风的环境，会导致其根部烂掉，严重的还会导致叶片萎蔫；要及时剪掉烂根，勤加换水，就能缓解叶子萎蔫的现象。

扮靓 TIPS

色彩斑斓的金边瑞香

材料： 五彩陶粒、圆形敞口玻璃瓶

创意概念： 镶着一圈儿金边的绿叶，怎么看都是那样的与众不同，若是再搭配上色彩斑斓的小·陶粒和造型独特的水培瓶，这株熠熠生辉的金边瑞香不管置于家里的哪个角落，都能成为清新又别致的居家装饰艺术品！

水仙，
沁人肺腑的凌波仙子

自古以来，水仙就受到许多文人雅士的青睐，一句"凌波仙子生尘袜，水上轻盈步微月"，就巧妙地勾画出水仙的风韵来。淡雅的水仙，通体碧绿青翠，洁白如玉的小花朵藏在叶子中间，倾吐着幽香。欣赏这冰清玉洁的水仙花，仿佛能聆听到花开的呢喃，连心情也会瞬间变得明媚起来。

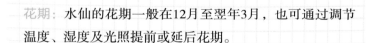

种植帮帮忙

花期： 水仙的花期一般在12月至翌年3月，也可通过调节温度、湿度及光照提前或延后花期。

换水： 水培初期需每隔1~2天换1次清水，以保持水体的清洁；开花前，2~3天换1次水即可；花苞形成后，可7天换1次水。

温度： 水仙生长开花的适宜温度为10~15℃，一般入水45天左右就能开花。

光照： 日常养护时，一定要给予水仙充足的光照。白天可将其置于向阳处养护，保证其每天接受不少于6小时的光照；晚上可将其置于灯光下，以防止茎叶徒长。

修剪： 日常修剪除了顺应植株本身的生长状态外，一般无需刻意修剪。

防病：水仙花常见的病虫害有花叶病及线虫病等。花叶病可通过喷洒杀虫剂，防止蚜虫等传毒昆虫带来病菌；线虫病可用40~43℃、0.5%的福尔马林溶液浸泡鳞茎3~4小时进行防治。

养护跟我学

1. 水仙一般是通过种球来养殖的，所以宜选择比较浅的敞口盘子或方形瓷盆进行水培。

2. 挑选水仙种球时，以外形扁圆，色泽明亮呈棕褐色的为最好。可用手指按压种球，若感觉内部有柱状物又很结实，则说明其花芽已经发育成熟，这样的种球茎芽多，开花也多。

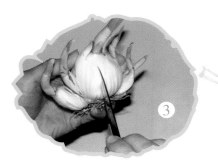

3. 将水仙球茎的褐色外皮剥掉，用锋利的小刀在其顶部没有长小球的两侧往下竖切2~3厘米，深度为球体的1/3即可。将切割好的水仙种球，置于清水中浸泡24小时，洗去伤口的黏液后，即可置于盆中水培了。

4. 可在盆里置入一些鹅卵石，用于固定种球。盆内水位以浸没种球的2/3为宜。要想植株生长健壮，在白天需将其置于阳光充足处养护。

达人支招

① 开花前7天左右，在水中放入几颗尿素，可使植株叶色翠绿。

② 开花前，往水里加入少量食盐，能让花开得更为持久且鲜艳，但不要在花朵含苞待放时加入，否则会抑制花蕾开放。

水培观察室

Q 我家的水仙，叶片长得很高且株形失衡，该怎么办?

A 有以下两个办法可以解决这个问题：一是加强光照，若光照不足，叶片极易长高，且变得黄、弱；二是控制温度，水培初期，应将温度控制在12～15℃，待根部长到5厘米时，可根据叶片的高度适当降温，这样就能抑制叶片的高度，保证株形的美观了。

扮靓 TIPS

古朴雅致的清幽水仙

材料： 欧式陶瓷创意花盆

创意概念： 挑选一款古朴做旧款陶瓷花盆，搭配淡雅、洁白的水仙花再适合不过了，你看那花盆边站立的可爱小·鸟似乎也在欣赏着水仙花灵动美妙的身姿，将它装点在居室里，相信一定能让你的家蓬荜生辉!

栀子，
洁白如玉的
一抹馨香

小区的路边，种满了一丛丛栀子花。初夏时节，那密集的枝蔓上结了大小不一的青玉色花骨朵，没几日，它们便赶着趟儿开放了。你看，那碧绿的叶子展现出了蓬勃的生机，洁白如玉的花朵又散发出阵阵幽香，真是让人好不惬意！

种植帮帮忙

花期： 栀子的花期比较长，可从5月一直持续到8月。

换水： 水培初期要每天换水，待水生根长出后，则可等到水培容器内的水质浑浊时再换。

温度： 栀子喜欢温暖、湿润的环境，最适宜的生长温度为18～22℃，若温度过低，则对植株的生长很不利；安全越冬的温度应保持在5～10℃，若气温低于-10℃，则容易受冻害。

光照： 栀子喜半阴环境，忌烈日暴晒，生长期间需适当遮阴；春、秋两季，每日要给予其8小时以上的光照，否则对植株生长发育不利。

修剪： 栀子很耐修剪，生命力比较顽强。每年5月和7月，可以剪去植株的顶梢，以促使其分枝形成完整的树冠。

防病： 栀子常见的病害有叶斑病、黄化病、介壳虫、粉虱及刺蛾。叶斑病和黄化病可喷洒65%的代森锌可湿性粉剂600倍液进行防治；介壳虫、粉虱及刺蛾可用2.5%的敌杀死乳油3000倍液喷杀。

1. 　　　选取健壮的土培植株，去掉泥土，并用清水将根部冲洗干净。

1

养护跟我学

2

3

2 | 3
　 | 4

4

2. 　　　水培栀子宜选用较高且基座稳固的透明玻璃容器。

3. 　　　将植株置于0.1%的高锰酸钾溶液中浸泡4～6小时；消毒后置于定植篮中，并用蛭石或彩石来固定好根部。

4. 　　　将定植好的植株置于水培容器上，往里倒清水，使其根部的1/2浸泡在清水里，然后置于半阴处进行催根；催根期间，每天换1次水，一般20天左右即可长出新根。

达人支招

① 为了调节及控制栀子的生长，并使其株形优美，促进开花，可在春季生长旺期过后，对其进行适当的摘心。大花类型，可每年摘心1～2次；小花类型，可在幼苗时摘心2～3次。

② 春、夏、秋三季，要注意给植株遮阴。冬季栀子处于半休眠状态时，要让其多见阳光，并保持室内通风。

水培观察室

Q 我家的水培栀子，为什么叶子枯黄且有落叶？

A 可能有以下几个原因：一是水中缺乏氧气，养护栀子最好用雨水、河水、江水、湖水或是井水，若没有条件，也可以将自来水置于阳光下晾晒24小时后再使用，这样可以避免因水中氧气含量过少而导致叶片枯黄的情况发生；二是营养液加得太多，要根据栀子的实际情况酌情添加营养液。此外，若发生叶子枯黄的现象，要及时剪掉枯黄的叶子，这样栀子才会长得枝繁叶茂。

扮靓 TIPS

仙气十足的素雅栀子

材料： 卫生纸、玻璃瓶

创意概念： 挑选一些卫生纸，将它们搓成长条状后用双面胶依次紧密地缠绕在玻璃瓶上，利用家里常见的卫生纸来装饰普通的玻璃瓶，让DIY的花瓶可以成为家居装饰的灵感之源，并让你的居室变化多姿。若再搭配上素雅灵动的栀子，更是美得让人一见倾心。

蝴蝶兰，
热带兰中的珍品

蝴蝶兰叶片肥厚硕大，花形美丽别致，花色艳丽多姿，花朵大且多，素有"兰中皇后"的美誉。若是水培养护，还能观赏到其白嫩粗壮的丛生根系，真是别有一番趣味。

种植帮帮忙

花期：蝴蝶兰的花期在春节前后，可长达2~3个月，其花较大，呈蝶状，有鹅黄、淡紫、纯白、绯红等颜色，或花瓣上带有紫红色条纹。

换水：水培初期每2~3天换1次水；平时要注意观察瓶中水位，适时增加清水；每3~4周更换1次营养液。

温度：蝴蝶兰喜高温环境，最适宜的生长温度白天为25~28℃，夜间为18~20℃；冬季温度低于10℃时，易受冻害。

光照：蝴蝶兰要求有充足的散射光照，忌强光直射，若光照不足，易引起叶片徒长；冬季养护，需将其置于光线充足的地方。

修剪：花谢后，可以对花茎进行修剪，最好是剪掉花茎的上部，只保留下部约10厘米左右，带3~4个花芽即可，若细心养护，这些花芽还能开花。

防病：蝴蝶兰常见的病害有灰霉病，可用65%的代森锌可湿性粉剂500～800倍液防治，每10天喷1次，连续喷洒2～3次即可。

养护跟我学

1
蝴蝶兰的花茎较长，宜选用底部比较大的中型水培容器进行水培。

2
选取已经孕育花芽的土培成年植株，小心地洗去根部泥土，剪除枯根及烂叶，保留健壮的叶子。

3
将修剪好的植株定植于水培容器中，然后置于阴凉通风处养护，一般1个月左右根系就会发育完全。

4
若想要蝴蝶兰开花，需养护1～2年才行，如果养护得当，10月前后就可抽出花箭，春节前后就会开花了。

达人支招

① 将植株定植后，往容器里加水时，浸没1/3～2/3的根系即可。

② 水培初期需给植株的根部遮阴；日常养护时，需每天往叶面喷水2～3次，这样有助于植株生长得更好。

水培观察室

Q 我家的水培蝴蝶兰，为什么抽出花箭好长时间了，还不开花？

A 蝴蝶兰不开花，可能是因为光照没有达标。在植株生长期间，要保证每天8～10小时的光照，其余时间要用黑布遮住水培容器，一般两个月左右即可开花。

混搭妙趣
的多浆水培

芦荟，
生命力顽强的美容伴侣

　　芦荟全身碧绿，叶面上点缀着一排排米黄色的小点点，在叶子的周围，还长着锯齿般的小尖刺，乍一看，别提有多威武了！芦荟的生命力非常顽强，就算是十几天都不给它浇水，它也能活得很好！若是在家里养上一盆芦荟，还可以将其变成自己的美容伴侣呢，因为将芦荟的汁液抹在皮肤上，能起到保湿、美白的功效哦！

种植帮帮忙

花期： 芦荟的花期一般为7~8月，有些品种会随着温度及光照的变化而变化。

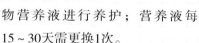

换水： 水培初期需2~3天换1次水；待植株完全适应水培环境后，可将其移至光线充足的地方，加入通用型植物营养液进行养护；营养液每15~30天需更换1次。

温度： 芦荟喜温暖、干燥的环境，最适宜的生长温度为20~30℃；若要安全越冬，需将温度保持在5℃以上；若温度低于0℃，容易导致冻伤。

光照： 芦荟喜光照充足的环境，但在水培初期，不宜长时间接受光照，只需在清晨见见阳光即可；约15天后，待植株渐渐适应了水培环境，就可以让其多见见阳光了。

修剪： 芦荟的萌发力很强，也很耐修剪，为了保持其株形的美观，可将多余的叶子全部剪掉；若想多养几盆芦荟，可将剪下的叶子重新水培或是扦插，很容易存活。

防病： 芦荟常见的病害有炭疽病和灰霉病，可喷洒100%的抗菌剂401醋酸溶液1000倍液进行防治；常见的虫害有介壳虫和粉虱等，可用40%的氧化乐果乳油1000倍液喷杀。

养护跟我学

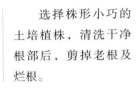

1. 　选择株形小巧的土培植株，清洗干净根部后，剪掉老根及烂根。

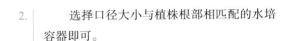
2. 　选择口径大小与植株根部相匹配的水培容器即可。

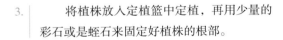
3. 　将植株放入定植篮中定植，再用少量的彩石或是蛭石来固定好植株的根部。

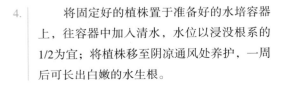
4. 　将固定好的植株置于准备好的水培容器上，往容器中加入清水，水位以浸没根系的1/2为宜；将植株移至阴凉通风处养护，一周后可长出白嫩的水生根。

达人支招

① 换水时若发现有烂根，要及时剪除，并冲洗根部。

② 夏季应将植株置于阴凉通风处养护，并经常向叶面喷雾；冬季要将植株置于室内向阳处养护。

水培观察室

Q 我家的水培芦荟烂根了，怎么办？

A 可能是因为将根部全部浸在水中所引起的。通常只需将根部的1/2浸入水中，若浸入部分过多，则容易烂根、烂茎。可以取锋利的刀具将其消毒后，直接切掉烂掉的根部，待伤口晾干后，将其种于沙土中，待根部重新长出后再来水培，之后将植株置于光线明亮处养护即可。

金琥,
金黄色的
可爱小刺猬

金琥原产于墨西哥中部的沙漠地区,它全身浑圆碧绿且密布黄色硬刺,在其顶部还有一圈金黄色的绒毛,十分漂亮。因为它的外形与仙人球十分相似,故常常有人将它们弄混淆,但实际上,它是仙人掌科球形的不同品种。若将金琥做成水培植物,还可以欣赏到它那细长白嫩的水生根,异常美丽壮观。

种植帮帮忙

花期：金琥的花期为6~10月。

换水：水培初期，每隔3天左右换1次清水即可；冬季可酌情延长至15~20天换1次水。

温度：金琥喜欢温暖、湿润的环境，最适宜的生长温度为20~25℃；其安全越冬的温度需保持在8℃~10℃。

光照：金琥喜欢光照充足的环境，每天至少需要6个小时的直射光照；夏季应给予其适当遮阴，但不可遮阴过度，否则会导致球体变长，降低其观赏价值。

修剪：金琥一般不需要修剪，每次换水时适当地修剪烂根即可。

防病：金琥生性强健，抗病力强，但在夏季容易因湿热、通风不良等因素，遭受红蜘蛛、介壳虫和粉虱等害虫的危害。红蜘蛛、介壳虫可用200~300倍的洗衣粉液喷洒防治；粉虱可取50克干辣椒，加1000毫升水煮沸15分钟后，取过滤后的辣椒水喷洒防治。

养护跟我学

2
选取直径10厘米左右的土培植株，轻拍花盆四周的盆土，待根部松动后，轻轻取出球体。需要注意的是，因为球体布满尖刺，所以取球时最好用布将其包住或是借助于专门的器具。

3
用清水将根部清洗干净，清洗时，不要损伤球体上的尖刺；清洗完毕后，将球体置于阴凉处晾干，剪掉其所有的土生根。

1
金琥球体较大，宜选用与之相匹配的水培容器进行水培。最好选择略小于球体的圆柱形透明玻璃容器，这样可以使球体卡在瓶口，而其根部又不会离水面太远。此外，还可以准备一些蛭石或珍珠岩，用于固定根部。

4
将金琥置于水培容器中定植，待水生根长出5厘米后，可以添加适量的营养液来养护。

达人支招

① 待植株完全适应水培环境后，可改用营养液培养或用清水莳养。

② 平常养护，需保证全年均有充足的光照，但在盛夏时节要避免强光直射，以防球体顶部被灼伤。

水培观察室

Q 我家水培金琥的下球体开始腐烂了，怎么办？

A 应该是养护不当所致。应及时剔出腐烂的部分，并将球体置于阴凉处晾干；待切口干燥后，再将球体置于光照充足且通风处养护。

长寿花，
热烈似火的花中寿星

　　每年12月，随便掐下一根长寿花的枝叶，将其养在水里，不多时白色的须根便长了出来。因其好养，且花期长达半年之久，故有了"长寿花"的称号。长寿花开出的花朵极小，差不多只有指甲盖那么大，可它的颜色却非常艳丽。这开得热闹的小花在光亮、厚实的绿色叶片的衬托下，宛如一群小巧玲珑的小姑娘！

种植帮帮忙

花期: 长寿花的花期从12月开始一直持续到翌年4月,长达半年。

换水: 水培初期需每隔2~3天换1次水,之后及时加水,保持瓶中水位即可;2周后可加入通用植物营养液;营养液可每隔20~25天更换1次。

温度: 长寿花喜欢冬暖夏凉的环境,最适宜的生长温度为15~25℃;气温高于30℃时,植株生长变得缓慢;低于10℃时,植株生长会停滞;0℃以下时,植株会受冻害。

光照: 长寿花喜光,宜置于有直接光照的地方养护,但夏季需适当遮阴;日常养护,需经常调换植株的方向,让其均衡受光,以保证着花均匀。

修剪: 植株生长初期,应及时摘心,促使其多分枝,从而提高观赏效果;花蕾刚萌发时,若摘除一部分,会萌发出更多新蕾;花谢后,为减少养分的消耗,应及时剪掉残花。

防病: 长寿花常见的虫害有介壳虫和蚜虫,可用40%的乐果乳油1000倍液喷杀;病害有白粉病和叶枯病,可喷洒65%的代森锌可湿性粉剂600倍液进行防治。

养护跟我学

1 选取健康且幼小的土培植株，小心地去掉根部附着的泥土，然后用水冲洗干净。

2 长寿花株形较为小巧，宜选择陶瓷、玻璃等材质的小型容器进行水培。

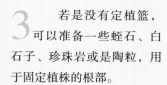

3 若是没有定植篮，可以准备一些蛭石、白石子、珍珠岩或是陶粒，用于固定植株的根部。

4 将定植好的植株置于阴凉处催根，不久，便会长出新根。

达人支招

① 切取水培植株的叶片时，要注意保持切口的整齐，以免植株腐烂。

② 待花苞长出后，可往水中滴入几滴营养液，以保证植株的正常生长。

水培观察室

Q 我家的水培长寿花叶片较小，且开出的花花色较淡，是怎么回事？

A 这可能是养护不当所致。长寿花在养护的过程中，除了要在盛夏时节适当遮阴外，其余季节都应置于有充足光照的地方，若光线不足，便会导致植株枝条细长，叶片小且薄；若长期光照不足，叶片还会大批脱落；已经开花的植株若长期处于阴暗之地，开出的花往往花色暗淡，且容易枯萎脱落。

扮靓 TIPS

温暖如春的长寿花

材料： 牛奶布丁陶瓷瓶

创意概念： 喝完的陶瓷牛奶瓶或者是吃剩的陶瓷布丁瓶都可以变废为宝，将几株长寿花养在其中，看着窗前那热烈似火的花儿随风摇曳，尽情展示着生命的活力，似乎一下子就让原本单调的生活充满了春日暖阳般的温暖。

绯牡丹，
惹人怜爱的红色小刺球

你可能会觉得"绯牡丹"这个名字非常突兀，还会觉得这样一盆不起眼的小植物怎么还跟富贵大气的牡丹扯上关系了？但等你真正拥有一盆绯牡丹后，就会觉得它不负盛名。不信你看，那头顶上红红的小刺球像朵小红花一样，衬着绿绿的身子，颇为醒目，在鲜有花开的冬季里，点缀了你的生活！

种植帮帮忙

花期：绯牡丹的花期在春、夏季，开出的花呈漏斗形，多数生于球部近顶端的位置。

换水：夏季最好每周换1次水，春、秋季节可10～12天换1次水，冬季20天换1次水即可。

温度：绯牡丹不耐寒，最适宜的生长温度为20～25℃；安全越冬的温度需保持在8℃以上。

光照：绯牡丹喜光照充足的环境，在直射阳光下球体会越晒越红，但在夏季需适当遮阴，并保持通风。

修剪：绯牡丹株形美观，造型各异，一般不需要特别修剪。

防病：绯牡丹常见的病害有灰霉病和茎腐病，可用50%的苯菌灵可湿性粉剂2500倍液喷洒植株防治；虫害有红蜘蛛。

红蜘蛛对球体的威胁很大，高温多雨季节，其生长蔓延迅速，可使整个球体变成灰褐色，失去观赏价值，严重时甚至导致植株死亡。若球体上滋生红蜘蛛，可用刷子刷除。

养护跟我学

3
将晾干的植株放入玻璃容器中，并加入2/3容量的清水；若球体较大，可直接卡在瓶口，若不能，则要用定植篮将期固定好。

2
春、夏季节，选取无病虫害且健壮的植株；用清水将根部洗净，剪掉烂根、老根后，将植株置于阴凉处晾干。

1
绯牡丹株形较小，宜选择与其体形相匹配的小型容器进行水培。

4
将植株置于通风处养护，让其接受适当的光照，约10天左右，即可长出白嫩的水生根，这时可以往水里加入适量的营养液；过不了几天，就能看到绯牡丹戴着一顶红红的"帽子"了。

达人支招

① 夏天栽培，要注意降温，并适当遮光；冬季则需为植株提供充足的光照，并控制瓶内水位的高度。

② 高温季节，如遇干旱，可经常向球体喷水，以保证植株正常生长。

水培观察室

Q 我家的水培绯牡丹球体变黄了，怎么办？

A 绯牡丹喜充足的直射阳光，若长期光照不足，球体就会变成橘黄色，严重的话，球顶中部还会出现些许绿色，大大降低观赏价值。

蟹爪兰，
冲破严寒的娇媚花朵

　　原产于巴西热带雨林的蟹爪兰，在外形上就充分展示了它多姿多彩的热带风情，无论是绽放的花朵，还是妖娆的枝条，都各有各的姿态。蟹爪兰总是在隆冬时节冲破严寒，绽放出娇媚的花朵，因其花朵婀娜动人，花色鲜艳，所以总是用于装饰居室。

种植帮帮忙

花期：蟹爪兰的花期可从9月持续至翌年4月。

换水：水培初期需1~3天换1次水；待新根长出后可酌情降低换水频率，且每次换水后，需重新加入营养液。

温度：蟹爪兰喜温暖、湿润的环境，最适宜的生长温度为18~23℃；花期温度最好维持在10~15℃，不要超过25℃；冬季温度应不低于10℃，以维持在15℃最好。

光照：蟹爪兰属短日照植物，在短日照条件下才能孕蕾开花。春、秋两季气温适宜，可让植株接受阳光照射；冬季应将植株放在室内光线充足的地方养护，以促使其花芽分化；此外，需经常转动水培容器，让植株的各个方位能均匀地接受光照，保证其花蕾发育，花开均衡。

修剪：蟹爪兰在生长旺季会向四周扩散成伞状，这时需剪去参差不齐的病枝及茎节；此外，要在适当的时候剪除过密、过弱的花蕾，这样可以集中养分给仅存的花蕾，让花色更加艳丽。

防病：蟹爪兰常见的虫害主要为介壳虫，可用刷子刷除，或用500~800倍的氧化乐果溶液喷杀；常见的病害为腐烂病，可定期喷洒50%的多菌灵可湿性粉剂500倍液进行防治；若植株局部腐烂，可用消毒过的刀具切除腐烂部分。

养护跟我学

1

1. | 春夏时节，选取生长健壮、花茎肥厚的植株来进行水培。

3

2
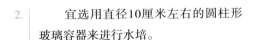
3
4

②

④

2. | 宜选用直径10厘米左右的圆柱形玻璃容器来进行水培。

3. | 将选取的植株用0.1%的高锰酸钾溶液浸泡2～3分钟，进行消毒；若没有定植篮，可用小白石来固定好其根部。

4. | 一般15天后，就会慢慢地长出须根；之后可将其置于光线充足处养护；不久后，蟹爪兰便会开出红艳的花儿。

达人支招

① 将蟹爪兰置于水培容器中时，只需浸没基部5厘米左右。

② 由于蟹爪兰开不断，所以要除植株顶端的叶花，以节省养分。

水培观察室

Q 我家水培的蟹爪兰为什么长出花蕾后还没有完全开放就全都掉光了？

A 蟹爪兰落花落蕾的原因是：①温度不适。高于25℃或低于10℃，都可能造成花蕾未开放即凋落；②光照不足。需要充足的光照环境才能生长良好，荫蔽处其花蕾易脱落，半阴处其花色会变淡；③花期中尽量不要加入营养液。营养液加入过多容易造成花儿提前凋零；④空气过于干燥。蟹爪兰虽然为仙人掌类植物，但比一般的仙人掌类植物需要更高的空气湿度，以保持在50%～60%为宜。

扮靓 TIPS

清新可爱的蟹爪兰

材料：小白石、麻绳、玻璃瓶

创意概念：外表看上去张牙舞爪的蟹爪兰，具备了来自南美热带异域风情的植物特色，对每一个爱花之人有着致命的吸引力。若是将其与小巧玲珑的白石和复古的麻绳搭配起来，又会给它注入另一种气质，使它看上去就好像亭亭玉立的少女般可爱。

龙舌兰,
外形独特的冲天利剑

    龙舌兰外形独特,一副"飞扬跋扈"的样子,令初见它的人有种被吓到的感觉:长长的叶子,尖尖的刺,像是一把把冲天利剑,叶缘的淡淡白色,更是为这些利剑增添了一丝丝霸气。其实龙舌兰并不像它的外表那样"凶恶",相反,它不仅可以装扮家居,还能够净化空气,简直是人们生活中的好帮手!

种植帮帮忙

花期: 龙舌兰的花期在春季,开白色或浅黄色的铃状花,可多达数百朵。

换水: 水培初期需2~3天换1次水;3周后可加入适量稀薄的观叶植物营养液;此后,每隔3~4周更换1次营养液即可。

温度: 龙舌兰喜温暖、干燥的环境,最适宜的生长温度为15~25℃,安全越冬的温度应不低于5℃。

光照: 龙舌兰喜柔和、充足的光照,除了在夏季要避免阳光直射之外,其余的季节都要将其置于光线明亮处养护。

修剪: 龙舌兰的叶片尖端有刺,在室内养护时,为免刺伤,最好将叶端的尖刺剪去。

防病: 龙舌兰常见的病害有炭疽病、叶斑病和灰霉病,可用50%的退菌特可湿性粉剂1000倍液喷洒防治。

养护跟我学

2

于春、秋季节选取株形丰满、健壮的幼龄土培植株,剪掉其土培根须后,将其放入1000倍的多菌灵溶液中浸泡3～5分钟进行消毒,然后用清水将其冲洗干净,并置于通风处晾干。

3

将晾干的植株置于水培容器中,移至阳光充足处养护;催根期间需每隔2～3天换1次水,大约15天左右就能看到白嫩的水生根长出了。

1

龙舌兰成年植株比较健壮,且叶片坚挺直立,所选用的水培容器口径大小要与植株的莲座相匹配,这样才能使莲座稳稳地搁置在容器上。

4

生长过程中,龙舌兰叶子边缘的尖刺会变得越来越硬,要及时将其剪去,以免被其刺伤。

达人支招

① 容器中的水位以浸没根系的1/2～2/3为准。

② 养护期间,不可向叶面喷水,以防发生褐斑病。

水培观察室

Q 我家的水培龙舌兰根部腐烂了,该怎么办?

A 若龙舌兰因摆放位置不当而缺乏充足的光照,就会导致烂根的情况发生;若长期处于阴暗、潮湿的环境中,也容易导致植株腐烂。

虎皮兰，
净化空气的绿色小卫士

虎皮兰叶片竖直、肥厚，叶子上有浅绿及深绿的斑纹，像极了虎王身上的花斑。不知什么时候，在虎皮兰那细长挺立的叶片间，就会钻出来一两朵小小的花儿，随风摇曳，惹人怜爱。

种植帮帮忙

花期：虎皮兰一般情况下较少开花，在适当的条件下才会开花，开出的花呈白色或淡绿色，为总状花序，有香味。

换水：水培初期需每2～3天换1次水；之后，可每7天换1次水；平时需根据水培瓶中的水位，及时补水。

温度：虎皮兰最适宜的生长温度为20～30℃，当温度低于13℃时，植株会停止生长；越冬温度不能低于10℃。

光照：虎皮兰喜温暖及光照充足的环境，也可将其置于荫蔽处养护，但需经常予以散射光，否则其叶子会发暗，没有生机；盛夏时，需注意防止烈日直射。

修剪：虎皮兰一般情况下不需修剪，在有老叶干枯的情况下，可以稍微修剪一下。

防病：虎皮兰常见的病害为细菌性软腐病，平时浇水时要避免将水溅到叶片上，发现病叶后，要及时清除烧毁，并喷洒12%的绿乳铜600倍液进行防治，每7～10天喷1次，连续喷洒2～3次即可；常见的虫害为矢尖蚧，可喷洒50%的辛硫磷进行防治。

养护跟我学

1 选择生长健壮的虎皮兰土培植株，洗净其根部后，晾1个小时备用。

2 宜选用厚实的玻璃容器进行水培，还可根据容器的口径来选择合适的定植篮。

3 将晾干的植株放入定植篮，并用蛭石等介质固定好。

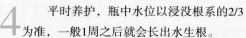

4 平时养护，瓶中水位以浸没根系的2/3为准，一般1周之后就会长出水生根。

达人支招

① 当植株出现较强的生长趋势时，应加入观叶植物营养液进行培养，且每隔10～15天更换1次营养液；更换营养液或是水时，需避免叶丛内积水，以免引起腐烂。

② 平时养护，需将植株置于光线充足处，还需经常用干净的湿抹布擦拭叶面，以保持叶面的清洁光亮。

水培观察室

Q 我家的水培虎皮兰叶片暗淡发白，斑纹也变得有些淡了，是怎么回事？

A 虎皮兰可以置于阴处或是半阴处养护，也喜欢阳光，若光照太过强烈，虎皮兰叶片的颜色会变得发暗且发白；长期遮阴也会使其叶片变暗，此时，若突然将其移至向阳光下，叶片会发生灼伤。若叶片上的斑纹也渐渐变淡，就是水培基质中缺乏营养了，加入适量的营养液即可。

扮靓 TIPS

惹人怜爱的毛线虎皮兰

材料：毛线、玻璃瓶、钩针

创意概念：用钩针给玻璃瓶子钩一件颜色绚丽的毛线"外套"，这让原本有些生硬的虎皮兰瞬时带有了一丝柔美。虽然毛线外套的织法比较复杂，但看见焕然一新的水培瓶，瞬间就有好心情了。你看，连那刚换上了美丽新衣的虎皮兰，似乎也高兴起来了，在靠阳台的窗边静静地笑了。

仙人球，
不屈不挠开出的美丽花儿

仙人球的生命力十分顽强，即使是在最贫瘠的沙漠也能用它的绿色点缀大地。相比于那些万紫千红、婀娜多姿的美丽花朵，仙人球是那么的平凡无奇，但在尖刺的掩护下，经过不屈不挠的努力，它也会开出娇艳动人的花朵。

种植帮帮忙

花期：仙人球的花期在6~7月，清晨或傍晚开花，开出的花可持续几小时至1天。

换水：水培初期可每隔2~3天换1次水。

温度：仙人球最适宜的生长温度为15~25℃；5℃以下易受冻害，严重时甚至会坏死。

光照：仙人球除盛夏要避免强光直射外，其他季节都要有充足的日照。室内养护时，可以用灯光照射，为其创造良好的光照条件，使其健壮生长。

修剪：夏季炎热时，会从主球的侧面萌发出小刺球，若想让仙人球开花，可将侧球摘除，以免浪费养分。

防病：仙人球常见的病害为炭疽病，初发时为水渍样浅褐色小斑，发现病斑后应立即挖去有病组织，并在伤口处涂抹少量的硫磺粉或木炭粉，尽快晾干伤口，以利于伤口愈合；发病初期，可用20%的甲基托布津可湿性粉剂防治。常见的虫害有红蜘蛛及介壳虫，红蜘蛛可用20%的三氯杀螨醇可湿性粉剂600倍液进行防治；介壳虫可用50%的氧化乐果乳剂1000倍液喷杀。

养护跟我学

1. 仙人球宜选用敞口细颈的玻璃容器进行水培。

$2 \dfrac{3}{4}$

2. 选择球体健壮的植株（宜选择根茎往下突出的植株，以利于根部向下生长）；仙人球布满小刺，操作时要小心扎手。

3. 将仙人球的土培根系完全剪除（要求剪口平整）；将球体冲洗干净后，置于通风处晾置2~3天。

4. 待伤口完全干燥后，将球体固定于水培瓶中，再置于有散射光的环境中养护，不久就能生根了。

达人支招

① 将剪好根的球体置于水培容器上时，水面要低于切口1~3厘米，以免伤口腐烂。

② 在仙人球长根期间，严禁对球体喷水，否则易导致球体腐烂坏死；待根系长出后，要立即更换营养液。

水培观察室

Q 我家的水培仙人球已经养了2年还没有开花，怎么办？

A 大部分仙人球生长了3~4年，直径长到3~4厘米后，每两年会开1次花，只有一些大型品种30年后才能开花。有些人养护的小型仙人球迟迟不开花，主要是因为没有充足的光照。想要让仙人球年年都开花，需一年四季保证其有充足的光照，且冬季要将室温保持在20℃以上，让其能够继续生长。此外，仙人球养在水里没有养在土里的仙人球吸收的营养丰富，可以加入专门的水培营养液，就能促使其开花。

扮靓 TIPS

绽放花语的顽强仙人球

材料： 不织布、针线、剪刀、不干胶、玻璃瓶

创意概念： 挑选一些不织布，根据玻璃瓶的大小，小心地缝制在瓶身上，在瓶口装饰好蝴蝶结之后，再用剪刀剪出一些小波点，直接用不干胶粘在瓶身上做点缀，这样标新立异的花瓶若是用来水培仙人球，相信也会为你的家增添一份美丽！